Eso no estaba en mi libro de matemáticas

Conoce la divertida esencia de las matemáticas

books4pocket

Vicente Meavilla

Eso no estaba en mi libro de matemáticas

Conoce la divertida esencia de las matemáticas

ALMUZARA

www.editorialalmuzara.com
info@editorialalmuzara.com

Impreso por CPI Black Print

Coordinación de B4P en Almuzara: Óscar Córdoba

Fotocomposición: **books4pocket**

I.S.B.N: 978-84-15870-32-6
Depósito Legal: CO-514-2014

Código Bic: PB

Impreso en España - *Printed in Spain*

A mi esposa, a mis dos hijos
y a todos los que, como ellos,
siempre quieren aprender.

Prólogo

Eso no estaba en mi libro de matemáticas, manual dedicado a las matemáticas, no es un texto convencional en el que se desarrollan de forma ordenada ciertos tópicos aritméticos, geométricos o algebraicos.

Por el contrario, este librito es un cajón de sastre que da cabida a diversos contenidos matemáticos inconexos y variados, que se distribuyen en doce capítulos. Ni que decir tiene que cada uno de ellos puede leerse sin prestar atención a los restantes.

Por las páginas que configuran este popurrí desfilan personajes, problemas, procedimientos, recreaciones y paradojas que pueden interesar a un público variopinto (profesores de matemáticas, alumnos de diversos niveles educativos, historiadores de la ciencia, arquitectos, padres de hijos en edad escolar, topógrafos...)

El primer capítulo (*La edad del simbolismo matemático*) pasa revista al origen de los símbolos matemáticos más usuales.

En el capítulo 2 (¿Por qué algunas expresiones se llaman notables?) se justifica la importancia de algunas identidades algebraicas en la resolución de problemas matemáticos elementales (extracción de raíces cuadradas y cúbicas, resolución de ecuaciones cuadráticas y cúbicas).

El tercer capítulo (*El teorema de Pitágoras*) presenta un catálogo de demostraciones de uno de los teoremas más populares de la geometría.

En el capítulo 4 (*Algunas estrategias ingeniosas para sumar potencias*) se utiliza el «triángulo aritmético» [= «triángulo de Tartaglia» = «triángulo de Pascal»] para calcular sumas del tipo $1^k + 2^k + 3^k + \ldots + n^k$.

El quinto capítulo (*Lecciones de geometría práctica*) se consagra a la medición indirecta de longitudes con la ayuda del astrolabio. Los ejemplos propuestos están contenidos en un manual del siglo XVI escrito por el vitoriano Diego de Álava y Viamont.

En el capítulo 6 (*Geometría analítica en el mundo real*), con la ayuda de la geometría analítica, se estudian dos problemas inspirados, respectivamente, en las *casas árbol* del arquitecto holandés Piet Blom y en el envase de un conocido perfume.

El séptimo capítulo (*Dos soluciones inteligentes a un problema clásico de la matemática griega*) incluye las soluciones de Diocles y Arquitas de Tarento al famoso problema de la duplicación del cubo.

En el capítulo 8 (*Matemática recreativa valenciana*) se analizan las recreaciones matemáticas de la *Arithmetica practica* (1604), escrita por el científico valenciano Gerónimo Cortés.

El noveno capítulo (*Así calculaban los arquitectos del siglo XVII*) muestra el procedimiento aproximado de Juan de Torija (1624-1666) para calcular el área de una bóveda esquifada.

En el capítulo 10 (*Paradojas matemáticas*) se enfrenta al lector a una colección de paradojas aritméticas y geométricas.

El decimoprimer capítulo (*Dividir con criterio*) se ocupa de los criterios de divisibilidad por 2, 3, . . ., 11.

Por último, en el capítulo 12 (*Antología de problemas matemáticos y estrategias de resolución*) se estudian algunos problemas clásicos y ciertos procedimientos de resolución de notable interés didáctico (método de inversión, regla de una falsa posición y regla de dos falsas posiciones).

Para comprender los contenidos precedentes sólo se necesitan los conocimientos matemáticos elementales que configuran los actuales programas educativos de la enseñanza no universitaria.

Vicente MEAVILLA SEGUÍ
Teruel, verano de 2011

Capítulo 1

La edad del simbolismo matemático

El lenguaje matemático, como cualquier otro, se sirve de un conjunto de signos especiales con los que transmite ideas, propone definiciones, conjetura hipótesis, plantea problemas, formula teorías...

A lo largo de los siglos esta colección de símbolos ha ido evolucionando hasta convertirse en el repertorio que, hoy en día, ayuda a los investigadores en su quehacer diario.

En las líneas que siguen, ofrecemos un breve repaso al origen del simbolismo matemático actual que no debería resultar extraño a ningún estudiante de los niveles elementales y, por supuesto, a ninguna persona culturalmente inquieta.

1. Los numerales indo-arábigos

Los símbolos que utilizamos para representar los números, los numerales indo-arábigos, fueron introducidos en occidente por el italiano Leonardo de Pisa («Fibonacci»).

Leonardo de Pisa (ca. 1175-1250)

En el capítulo I de su *Liber Abaci* (1202) se puede leer:

> Las nueve figuras indias son: 9 8 7 6 5 4 3 2 1.
>
> Con estas nueve figuras y el signo 0, al que los árabes llaman zephirum[1], se puede escribir cualquier número como veremos más adelante. Un número es una suma de unidades o una colección de unidades. Por la adición de dichas unidades los números aumentan sin fin.

2. Los signos de las operaciones elementales

Los modernos signos algebraicos + y – ya se usaban en Alemania en la segunda mitad del siglo XV.

Johannes Widman (1462-1498) fue el primero que los incluyó *en* su impreso *Behende und hupsche Rechnung auf allen kauffmanschafft* (1489).

Martirio de San Andrés

1 Hemos mantenido el término latino *zephirum* que aparece en el texto original de Fibonacci.

La cruz de San Andrés × como símbolo de la multiplicación se atribuye, aunque hay dudas al respecto, al inglés William Oughtred en su *Clavis mathematicae* (1631).

William Oughtred (1574-1660)

Por otro lado, el punto . fue introducido por el alemán Gottfried Wilhelm Leibniz (1646-1716) para denotar la multiplicación.

Gottfried Wilhelm Leibniz

En una carta fechada el 29 de julio de 1698 y dirigida a J. Bernoulli, Leibniz se expresaba en los siguientes términos:

> No me gusta × como símbolo de la multiplicación, dado que se confunde fácilmente con *x* (...), a menudo relaciono dos cantidades simplemente con un punto entre ellas e indico la multiplicación por *ZC* · *LM*. Para designar la razón no uso un punto sino dos, que también utilizo para la división; así, en lugar de tu *dy* . *x* :: *dt* . *a*, escribo *dy* : *x* = *dt* : *a*, dado que *dy* es a *x* como *dt* es a *a* es realmente lo mismo que *dy* dividido por *x* es igual a *dt* dividido por *a*.

En 1637, el francés René Descartes (1596-1650) designó la multiplicación por simple yuxtaposición.

René Descartes

El signo : para la división apareció por primera vez, que sepamos, en un artículo de Leibniz de 1684 publicado en *Acta eruditorum*.

Christoff Rudolff (1499-1545) introdujo el signo radical √ en su *Die Coss* (1525), primer libro de álgebra escrito en alemán, pero no hizo uso de índices para el orden de radicación.

La colocación de los índices en el interior del «ángulo» del signo radical fue sugerida por el matemático francés Albert Girard (1595-1632).

Albert Girard

La idea de Girard fue recogida por su compatriota Michel Rolle (1652-1719) como puede verse en el siguiente fragmento de su *Traité d'Algèbre* (1690).

LIVRE QUATRIE'ME. 227

$\sqrt[2]{a}$, ou $\sqrt{a}$ ſignifie qu'il faut extraire la racine quarrée de *a*.

$\sqrt[3]{b}$ ſignifie qu'il faut extraire la racine cubique de *b*.

$\sqrt[4]{c}$ ſignifie que de *c* il faut en tirer la racine quatriéme, c'eſt à-dire la racine quarré-quarrée.

$\sqrt[5]{d}$ exprime la racine cinquiéme de *d*, & ainſi de ſuite.

S'il faut extraire la racine cinquiéme de $8-\sqrt[3]{}+\sqrt{2}$, l'on écrit $\sqrt[5]{8-\sqrt[3]{6}+\sqrt{2}}$; & s'il faloit extraire la racine cubique de $7-\sqrt{2}-\sqrt[4]{41}$, l'on écriroit $\sqrt[3]{7-\sqrt{2}-\sqrt[4]{41}}$, & ainſi des autres, où l'on obſervera que le ſigne radical qui renferme d'autres ſignes radicaux, s'appelle *Signe univerſel*: & que le nombre qui eſt ſur un ſigne, en eſt l'*expoſant*. Ainſi le nombre 8 eſt l'expoſant du ſigne $\sqrt[8]{}$.

3. Igualdad y desigualdad

El galés Robert Recorde (1510-1558) escribió en 1557 *The Whetstone of Witte,* tratado de algebra en el que aparecía por primera vez el signo moderno de igualdad.

Robert Recorde

El autor justificaba la adopción de un par de rectas paralelas como símbolo de igualdad, diciendo que *no hay dos cosas que puedan ser más iguales.*

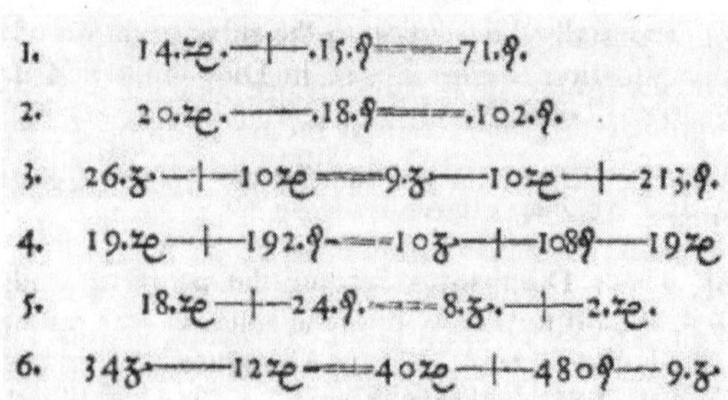

Por otro lado, el inglés John Wallis [*De sectionibus conicis* (1655)] hizo uso de un simbolismo parecido al actual para designar la desigualdad.

John Wallis (1616-703)

Los signos > (mayor que) y < (menor que) se encuentran en el manual *Teutsche Algebra,* escrito por Johann H. Rahn (1622-1676).

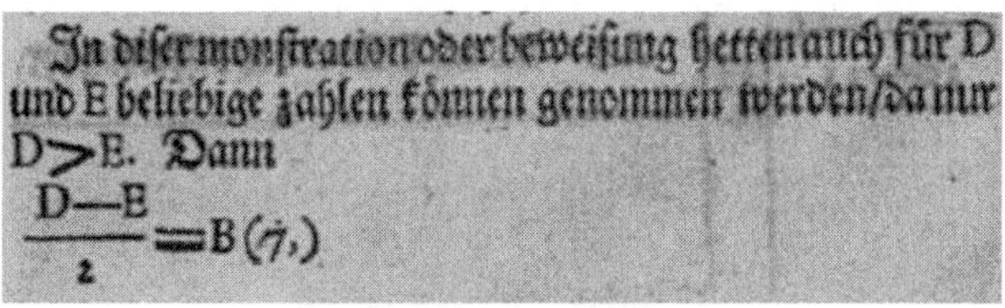

Jn diser monstration oder beweisung hetten auch für D und E beliebige zahlen können genommen werden/da nur $D > E$. Dann

$$\frac{D - E}{2} = B \ (7.)$$

Teutsche Algebra (1659), p. 72

4. La notación exponencial

En 1636, James Hume en una edición del álgebra de F. Vieta introdujo la notación exponencial actual en la que los exponentes se escribían con numerales romanos. Así, por ejemplo A^{iii} significaba A^3.

En 1637, René Descartes en su *Géométrie* escribió los exponentes con numerales indo-arábigos.

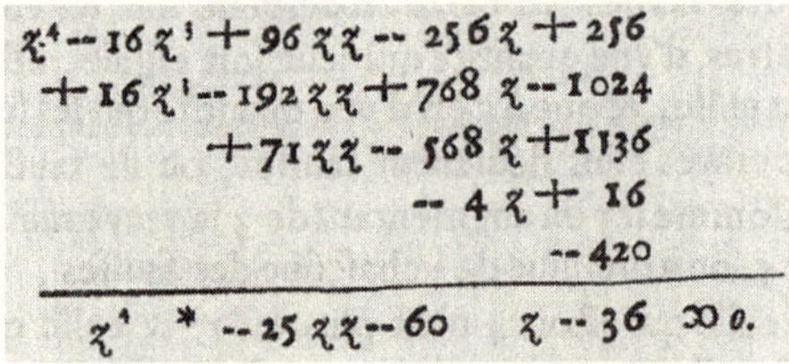

$$
\begin{array}{l}
z^4 - 16z^3 + 96zz - 256z + 256 \\
\quad + 16z^3 - 192zz + 768z - 1024 \\
\qquad + 71zz - 568z + 1136 \\
\qquad\qquad - 4z + 16 \\
\qquad\qquad\qquad - 420 \\
\hline
z^4 \ * \ - 25zz - 60z - 36 \propto 0.
\end{array}
$$

5. Las fracciones

La línea horizontal — que separa el numerador del denominador de una fracción es de origen árabe y fue utilizado regularmente por Leonardo de Pisa en su *Liber Abaci.*

6. El paréntesis

Joseph de Lalande (1732-1807)

En la *Mémoire sur les Interpolations, ou sur l'usage des différences secondes, troisiémes, &c. dans les Calculs astronomiques* (1761)[2], de

2 *Histoire de l'Académie Royale des sciences. Année 1761* (Paris, 1763). *Mémoires,* p. 127.

Joseph-Jérôme Lefrançais de Lalande, encontramos el símbolo ( ) tal como se aprecia en el siguiente detalle de la página 127.

Triangle arithmétique.

1.									
1.	1.								
1.	2.	1.							
1.	3.	3.	1.						
1.	4.	6.	4.	1.					
1.	5.	10.	10.	5.	1.				
1.	6.	15.	20.	15.	6.	1.			
1.	7.	21.	35.	35.	21.	7.	1.		
1.	8.	28.	56.	70.	56.	28.	8.	1.	
1.	9.	36.	84.	126.	126.	84.	36.	9.	1.

&c.

La somme d'un nombre m de termes pris dans la première colonne verticale, est m; pris dans la seconde colonne, est $\frac{m.(m+1)}{1.\ 2.}$; dans la troisième colonne, $\frac{m.(m+1).(m+1)}{1;\ 2.\ 3.}$. Dans la quatrième colonne, la somme d'un nombre m de termes, sera $\frac{m.(m+1).(m+2).(m+3)}{1.\ 2.\ 3.\ 4.}$, &c.

Doce años más tarde, en las *Recherches sur la manière de former des Tables des planètes, d'après les seules observations* (1772)[3], Joseph-Louis Lagrange usó el paréntesis como puede verse en la figura adjunta.

DES SCIENCES. 523

terme général

$$[K+(m+1)K1+\frac{(m+1)(m+2)K2}{2}+\frac{(m+1)(m+2)(m+3)K3}{2.3}+\&c.$$
$$+\frac{(m+1)(m+2)(m+3)\ldots\ldots(m+\mu-1)K(\mu-1)}{2.3\ldots\ldots\mu-1}]p^m x^m$$

3 *Histoire de l'Académie Royale des sciences. Année 1772. Première Partie* (Paris, 1775). *Mémoires*, p. 523.

Joseph-Louis Lagrange (1736-1813)

7. Números combinatorios

Sean m y n dos números naturales ($m \geq n$).

El símbolo $\binom{m}{n}$ se llama *número combinatorio* o *coeficiente binomial* y fue introducido en 1827 por Andreas von Ettingshausen (*Vorlesungen über höhere Mathematik*).

Andreas von Ettingshausen (1796-1878)

Bezeichnen wir die Coefficienten der Potenzen von x in dieser Reihe, der Kürze wegen, durch die Symbole

$$\binom{m}{1}, \binom{m}{2}, \binom{m}{3} \ldots\ldots \text{u. s. w.,}$$

indem wir allgemein $\frac{m(m-1)(m-2)\ldots(m-(n-1))}{1\,.\,2\,.\,3\ldots\ldots n}$ durch $\binom{m}{n}$ vorstellen, so haben wir

$$\binom{m}{n+1} = \frac{m(m-1)(m-2)\ldots(m-(n-1))(m-n)}{1\,.\,2\,.\,3\ldots\ldots n\,.\,(n+1)},$$

8. Factorial

El símbolo «factorial» fue introducido por Christian Kramp (1760-1826)[4] que, en sus *Élémens d'arithmétique universelle* (1808), decía:

> Me sirvo de la notación más simple n! para designar el producto de números decrecientes desde n hasta la unidad; a saber:
>
> $$n \times (n-1) \times (n-2) \times \ldots \times 3 \times 2 \times 1.$$

9. Infinito

El símbolo ∞ (infinito) apareció impreso por primera vez en *De sectionibus conicis*, publicado por Wallis en 1655.

PARS PRIMA.

PROP. I.

De Figuris planis juxta Indivisibilium methodum considerandis.

SUppono in limine (juxtà Bonaventuræ Cavallerii *Geometriam Indivisibilium*) Planum quodlibet quasi ex infinitis lineis parallelis conflari: Vel potiùs (quod ego mallem) ex infinitis Parallelogrammis æquè altis; quorum quidem singulorum altitudo sit totius altitudinis $\frac{1}{\infty}$, sive aliquota pars infinite parva; (esto enim ∞ nota numeri infiniti) adeóq; omnium simul altitudo æqualis altitudini figuræ.

4 F. Cajori. *A history of mathematical notations*, vol. II, p. 72.

10. Tres números famosos: π, *i* y *e*

El símbolo π que designa la razón de la longitud de la circunferencia a la de su diámetro fue introducido en 1706 por el galés William Jones (1675-1749).

William Jones

En la página 263 de su *Synopsis Palmariorum Matheseos* (1706) encontramos dicho signo con su valor numérico aproximado.

There are various other ways of finding the *Lengths*, or *Areas* of particular *Curve Lines*, or *Planes*, which may very much facilitate the Practice; as for Inſtance, in the *Circle*, the Diameter is to Circumference as 1 to

$$\overline{\frac{16}{5}-\frac{4}{239}} - \frac{1}{3}\,\overline{\frac{16}{5^3}-\frac{4}{239^3}} + \frac{1}{5}\,\overline{\frac{16}{5^5}-\frac{4}{239^5}} -, \&c. = 3.14159, \&c. = \pi.$$

Leonhard Euler (1707-1783) popularizó el uso de π y lo utilizó en 1748 en su *Introductio in analysin infinitorum.*

Leonhard Euler

El mismo Euler introdujo la letra *i* para designar $\sqrt{-1}$. Lo hizo en *De formulis differentialibus angularibus maxime irrationalibus, quas tamen per logarithmos et arcus circulares integrare licet*[5].

> Quoniam mihi quidem alia adhuc via non patet istud praestandi, nisi per imaginaria procedendo, formulam $\sqrt{-1}$ littera i in posterum designabo, ita ut sit $ii = -1$, ideoque $\frac{1}{i} = -i$.

Euler también adoptó la letra *e* para designar la base de los logaritmos neperianos. Al parecer la usó en un manuscrito escrito entre 1727 y 1728 que fue publicado en 1862. Apareció impresa, por primera vez, en su *Mechanica* (Volumen I, p. 68) publicada en 1736.

> **Corollarium II.**
>
> 171. Quanquam autem in iſta aequatione ipſa potentia p non ineſt, tamen eius directio a qua relatio elementorum dx et dy pendet, adhuc ſuper eſt. Data igitur directione potentiae punctum in quouis loco ſollicitantis, et ipſa curua in qua punctum mouetur, poterit ex his ſolis datis determinari puncti celeritas in quouis loco. Erit enim $\frac{dc}{c} = \frac{dyds}{rdx}$ ſeu $c = e^{\int \frac{dyds}{rdx}}$ vbi e denotat numerum, cuius logarithmus hyperbolicus eſt 1.

5 Esta memoria fue presentada el 5 de mayo de 1777 a la Academia de San Petersburgo y fue publicada en 1794.

11. El símbolo sumatorio

El símbolo sumatorio Σ, utilizado para representar sumas abreviadas, fue incluido por Euler en el catálogo de signos matemáticos.

26. Quemadmodum ad differentiam denotandam usi fumus signo Δ, ita summam indicabimus signo Σ:

Institutiones calculi differentialis (1755)

12. El paso al límite

La abreviatura lim. para «límite» no fue usada, que sepamos, hasta que el suizo Simon Lhuilier (1750-1840) la empleó en su *Exposition élémentaire des principes des calculs supérieurs* (1786).

31

Or la limite du rapport est celui de a à $PA' + QA$; donc la limite du premier rapport est aussi celui de a à $PA' + QA$; savoir

$$\text{Lim.}\ \frac{\Delta PQ}{\Delta ax} = \frac{PA' + QA}{a}$$

ou $$\text{Lim.}\ \frac{\Delta PQ}{\Delta x} = PA' + QA.$$

On montre de même, que les quantités P, Q, R, S, T, &c. étant telles que les exposants des rapports limites de leurs changements simultanés au changement Δx de x soient A, A', A', A'' &c.... respectivement: on obtient

$$\text{Lim.}\ \frac{\Delta PQRS}{\Delta x} = QRS \times A + PRS \times A' + PQS \times A' + PQR \times A''.$$

Mucho más tarde, en 1905, John Gaston Leathem (*Volume and Surface Integrals Used in Physics*) introdujo una flecha para indicar la variación de la variable independiente.

Refiriéndose a la fórmula:

$$\int^{T} f d\tau \equiv \operatorname*{Lim}_{t \to 0} \int_{t}^{T} f d\tau,$$

Leathem se expresaba en los siguientes términos:

> (...) el símbolo → se usa para denotar frases como «tendiendo a» o «tiende a». Así, t → 0 se lee «t tiende a cero».

13. Derivadas

La notación que se utiliza actualmente para designar la primera, segunda, tercera... derivada de una función de una variable se remonta al 1797. En dicho año J. L. Lagrange publicó su *Théorie des fonctions analytiques* de la que hemos seleccionado el siguiente párrafo:

> **Donc, si, pour plus de simplicité et d'uniformité, on dénote par $f'x$ la première fonction dérivée de fx, par $f''x$ la première fonction dérivée de $f'x$, par $f'''x$ la première fonction dérivée de $f''x$, et ainsi de suite,**

14. Integrales

El signo integral ∫ fue propuesto por Gottfried Wilhelm Leibniz en un manuscrito fechado el 29 de octubre de 1675.

Joseph Fourier (1768-1830)

Por otro lado, el símbolo de la integral definida se debe a Joseph Fourier que lo adoptó en la página 252 de la *Théorie analytique de la chaleur* (1822).

Nous désignons en général par le signe $\int_a^b$ l'intégrale qui commence lorsque la variable équivaut à *a*, et qui est complète lorsque la variable équivaut à *b*; et nous écrirons l'équation (*n*) sous la forme suivante :

$$\frac{1}{2}\pi\varphi x = \frac{1}{2}\int_0^{\pi} \varphi x\, dx + \cos. x \int_0^{\pi} \varphi x \cos. x\, dx$$

$$+ \cos. 2x \int_0^{\pi} \varphi x \cos. 2x\, dx + \cos. 3x \int_0^{\pi} \varphi x \cos. 3x\, dx + \text{etc.} \qquad (\nu)$$

15. El simbolismo geométrico de Pierre Hérigone (1580-1643)

El matemático francés Pierre Hérigone presentó en su *Cursus mathematicus, nova, brevi, et clara methodo demonstratus*[6] (1634) un amplio catálogo de símbolos geométricos, algunos originales (perpendicularidad, ángulo) y otros (paralelismo, triángulo, cuadrado, rectángulo, paralelogramo, círculo) heredados de matemáticos anteriores como Herón (s. I) y Pappus (s. III-IV)[7].

$5<$ pentagonum, *pentagone*.
$6<$ hexagonum, *hexagone*, *&c.*

$=$ parallela, *parallele*.
$\perp$ perpendicularis, *perpendiculaire*.

6 Volumen I. *Explicatio notarum.*

7 Advirtamos que los símbolos de Herón y Pappus no adquirieron un carácter universal y se usaron excepcionalmente en algunos manuscritos.

• eſt punctum, *eſt vn poinct.*
— eſt recta linea, *eſt vne ligne droicte.*
<, ∠ eſt angulus, *eſt vn angle.*
⅃ eſt angulus rectus, *eſt vn angle droict.*
⊙ eſt circulus, *eſt vn cercle.*
⌒, ◡ { eſt pars circumferentiæ circuli.
{ *eſt vne partie de la circonference du cercle.*
⌓, ◡ eſt ſegmentũ circuli, *eſt vn ſegment de cercle.*
△ eſt triangulum, *eſt vn triangle.*
□ eſt quadratum, *eſt vn quarré.*
▭ eſt rectangulum, *eſt vn rectangle.*
▱ eſt parallelogrammum, *eſt vn parallelogramme.*
▱*piped.* eſt parallelepipedum, *eſt vn parallelipipede.*

Símbolos geométricos del Cursus mathematicus

16. Rectas paralelas

El signo ∥, utilizado en la actualidad para indicar que dos rectas son paralelas, fue introducido por John Kersey en *The Elements of that Mathematical Art, commonly called Algebra* (1673)[8].

Años más tarde lo encontramos en *Synopsis Palmariorum Matheseos* (1706) de William Jones.

38. *The* ∠ (n,N) *made by the Tangent* (PG,PT) *and Chord* (PB) *has for its meaſure an Arc* = *half that ſubtended by the Chord.*

Draw a Diameter ⊥ PB, then is the Arc *a*, and Chord PB biſected (by 18), draw the Rad. CP, as alſo CD ∥ PB.

Then ∠*n* + ∠*z* = ∟ = ∠*r* + ∠*x* (by *Conſtr.*) But *z* = *x* (by 17) th. *n* = *r* by *Eq. Subduct.* And ½ *a* Meaſures the ∠*r* (by 6) therefore alſo the ∠*n*. Alſo *n* + N are meaſured by ½ *a* + ½ A (by 9) th. N is meaſured by ½ A.

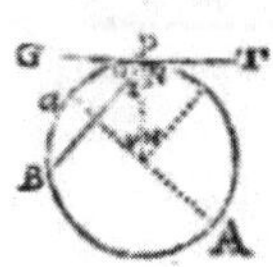

8 F. Cajori. *A history of mathematical notations*, vol. I, p. 411.

17. Razones trigonométricas

Los símbolos de las razones trigonométricas, tan familiares a los alumnos de Bachillerato, ya se encuentran en la *Introductio in analysin infinitorum* (1748) de Euler con una apariencia muy parecida a la actual.

Secantes autem et cosecantes ex tangentibus per solam subtractionem inveniuntur; est enim

$$\text{cosec.}\, z = \text{cot.}\, \frac{1}{2}z - \text{cot.}\, z$$

et hinc

$$\text{sec.}\, z = \text{cot.}\left(45^\circ - \frac{1}{2}z\right) - \text{tang.}\, z.$$

Ex his ergo luculenter perspicitur, quomodo canones sinuum construi potuerint.

138. Ponatur denuo in formulis § 133 arcus z infinite parvus et sit n numerus infinite magnus i, ut iz obtineat valorem finitum v. Erit ergo $nz = v$ et $z = \frac{v}{i}$, unde $\sin. z = \frac{v}{i}$ et $\cos. z = 1$; his substitutis fit

$$\cos. v = \frac{\left(1 + \frac{v\sqrt{-1}}{i}\right)^i + \left(1 - \frac{v\sqrt{-1}}{i}\right)^i}{2}$$

atque

$$\sin. v = \frac{\left(1 + \frac{v\sqrt{-1}}{i}\right)^i - \left(1 - \frac{v\sqrt{-1}}{i}\right)^i}{2\sqrt{-1}}.$$

Encontramos el mismo inventario de signos en el *Compendio de matemáticas puras y mistas* (1819) del granadino José Mariano Vallejo (1779-1843).

Esc. Es muy conveniente encomendar á la memoria las fórmulas

$$\text{tang.} = \frac{\text{sen.}}{\text{cos.}},\ \text{sec.} = \frac{1}{\text{cos.}},\ \text{cot.} = \frac{\text{cos.}}{\text{sen.}},\ \text{y cosec.} = \frac{1}{\text{sen.}},$$

por las muchísimas trasformaciones de que son susceptibles, y que cada una da un valor particular para la línea que se despeja.

18. Incógnitas y parámetros

François Vieta (1540-1603), en su *In artem analyticam isagoge* (1591), utilizó las vocales mayúsculas para designar las incógnitas y las consonantes mayúsculas para indicar las cantidades conocidas.

Con R. Descartes (*Géométrie*, 1637) se inició la práctica actual de usar las últimas letras del alfabeto para las incógnitas y las primeras para los parámetros. Al mismo tiempo, el autor del *Discurso del Método*, acostumbró a igualar a cero el primer miembro de cualquier ecuación.

F. Vieta

R. Descartes

19. Determinantes

Arthur Cayley (1821-1895)

En 1841[9], Arthur Cayley representó los determinantes como disposiciones cuadradas de números o letras, escritos entre dos barras verticales.

Let the symbols

$$|\alpha|, \quad \begin{vmatrix} \alpha, & \beta \\ \alpha', & \beta' \end{vmatrix}, \quad \begin{vmatrix} \alpha, & \beta, & \gamma \\ \alpha', & \beta', & \gamma' \\ \alpha'', & \beta'', & \gamma'' \end{vmatrix}, \ \&c.$$

denote the quantities

$$\alpha, \ \alpha\beta' - \alpha'\beta, \ \alpha\beta'\gamma'' - \alpha\beta''\gamma' + \alpha'\beta''\gamma - \alpha'\beta\gamma'' + \alpha''\beta\gamma' - \alpha''\beta'\gamma, \ \&c.$$

Salvo las comas que separan los elementos de cada fila, el simbolismo de Cayley coincide con el actual.

Referencias bibliográficas

CAJORI, F. (1993). *A history of mathematical notations* (dos volúmenes). New York: Dover.

DESCARTES, R. (1954). *The Geometry* [Traducción del francés y del latín por D. E. Smith y M. L. Latham]. New York: Dover.

ETTINGSHAUSEN, A. von (1827). *Vorlesungen über höhere Mathematik.* Viena: Carl Gerold.

EULER, L. (1736). *Mechanica sive motus scientia analytice (Tomus I).*San Petersburgo: Typographia Academiae Scientarum

EULER, L. (1922). *Introductio in analysin infinitorum.* Leohnardi Euleri Opera Omnia. Series Prima. Opera mathematica. Volumen octavus. Lipsiae et Berolini: Typis et in aedibus B. G. Teubneri.

9 *Cambridge Mathematical Journal*, Vol. II, pp. 267-271.

FOURIER, J. (1822). *Théorie analytique de la chaleur.* París: Firmin Didot, père et fils.

HÉRIGONE, P. (1634). *Cursus mathematicus, nova, brevi, et clara methodo demonstratus*: París: Henry le Gras.

JONES, W. (1706). *Synopsis Palmariorum Matheseos.* London: J. Matthews.

LAGRANGE, J. L. (1775). «Recherches sur la manière de former des Tables des planètes, d'après les seules observations». *Histoire de l'Académie Royale des sciences. Année 1772. Première Partie. Mémoires,* p. 523.

LAGRANGE, J. L. (1797). *Théorie des fonctions analytiques.* París: Imprimerie de la République.

LALANDE, J. de (1763). «Mémoire sur les Interpolations, ou sur l'usage des différences secondes, troisiémes, &c. dans les Calculs astronomiques». *Histoire de l'Académie Royale des sciences. Année 1761. Mémoires,* p. 127.

LHUILIER, S. (1786). *Exposition élémentaire des principes des calculs supérieurs.* Berlín: George Jacques Decker.

MEAVILLA SEGUÍ, V. (2008). *Aspectos históricos de las matemáticas elementales* (2ª edición). Zaragoza: Prensas Universitarias de Zaragoza.

RAHN, J. H. (1659). *Teutsche Algebra.* Zürich: Johann Jacob Bodmer.

ROLLE, M. (1690). *Traité d'Algèbre; ou príncipes generaux pour resoudre les questions de Mathematique.* París: Estienne Michallet.

SIGLER, L. E. (2002). *Fibonacci's Liber Abaci. A traslation into Modern English of Leonardo Pisano's Book of Calculation.* New York: Springer-Verlag

VALLEJO, J. M. (1819). *Compendio de matemáticas puras y mistas* (Tomo I). Valencia: Imprenta de Estévan.

WALLIS, J. (1655). *De sectionibus conicis, Nova Methodo Expositis, tractatus.* Oxford: Leon Lichfield.

Referencias on line

Gallica, bibliothèque numérique
http://gallica.bnf.fr/

Google books
http://books.google.es/

MacTutor History of Mathematics archive
http://www-history.mcs.st-and.ac.uk/

Capítulo 2

¿Por qué algunas expresiones se llaman notables?

En todos los libros de texto dedicados a la enseñanza de las matemáticas elementales hay una sección consagrada a ciertas identidades (cuadrado del binomio, cubo del binomio, diferencia de cuadrados...) a las que se bautiza con el nombre de «expresiones notables».

Las líneas que siguen se dedican a explicar por qué son «notables» dichas expresiones.

1. Cuadrado de la suma

Euclides de Alejandría

Allá por el año 300 antes de Cristo, Euclides de Alejandría demostró[1] geométricamente que:

$$(a + b)^2 = a^2 + b^2 + 2ab$$

Sin recurrir al discurso del geómetra griego, la validez de la expresión anterior queda patente en el diagrama adjunto.

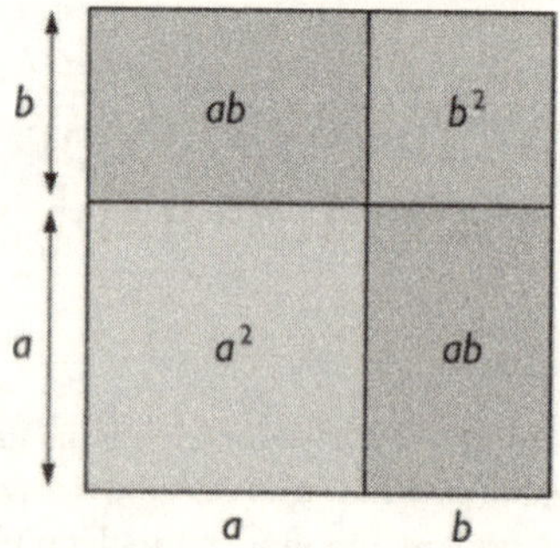

También resulta claro que la figura siguiente permite escribir la expresión:

$$(a + b + c)^2 = a^2 + b^2 + c^2 + 2ab + 2ac + 2bc$$

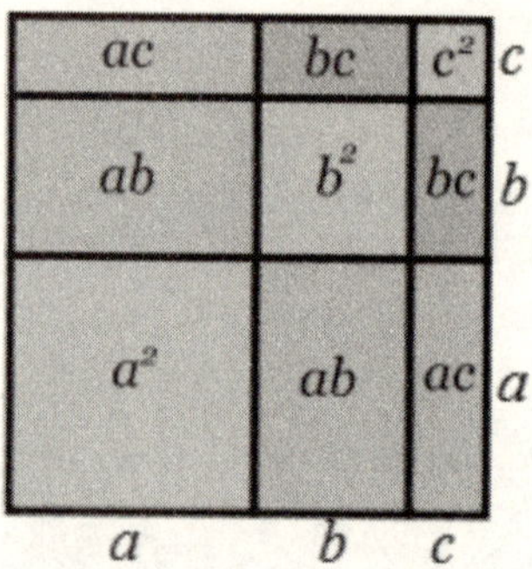

1 *Elementos*, Lib. II, prop. 4.

Utilizando un dibujo adecuado, se podría visualizar la igualdad:

$$(a+b+c+d)^2 = a^2+b^2+c^2+d^2+2ab+2ac+2ad+2bc+2bd+2cd$$

Ni que decir tiene que, recurriendo a bocetos apropiados, se podría establecer el desarrollo de $(a+b+c+\ldots+z)^2$ para cualquier número de sumandos.

2. Un juego de adivinación cuadrático

En el libro noveno de la *Arithmetica practica, y speculatiua* (1562) del bachiller Juan Pérez de Moya encontramos la siguiente recreación matemática.

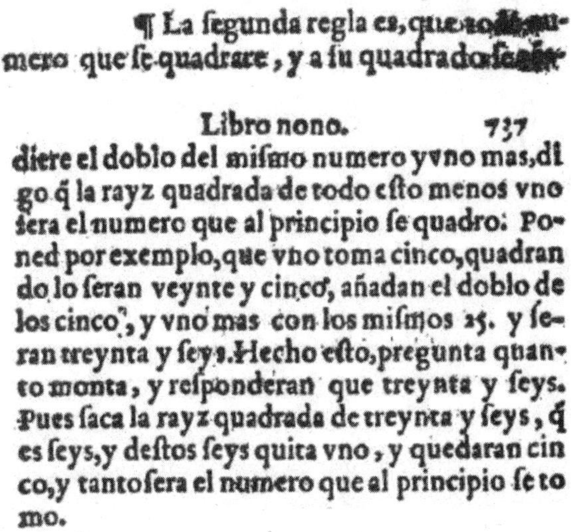
¶ La ſegunda regla es, que todo nu-
mero que ſe quadrare, y a ſu quadrado ſe aña-

Libro nono. 737

diere el doblo del miſmo numero y vno mas, di
go q̃ la rayz quadrada de todo eſto menos vno
ſera el numero que al principio ſe quadro: Po-
ned por exemplo, que vno toma cinco, quadran
do lo ſeran veynte y cinco, añadan el doblo de
los cinco, y vno mas con los miſmos 25. y ſe-
ran treynta y ſeys. Hecho eſto, pregunta quan-
to monta, y reſponderan que treynta y ſeys.
Pues ſaca la rayz quadrada de treynta y ſeys, q̃
es ſeys, y deſtos ſeys quita vno, y quedaran cin
co, y tanto ſera el numero que al principio ſe to
mo.

«La segunda regla es, que todo número que se cuadrare, y a su cuadrado se añadiere el doble del mismo número y uno más, digo que la raíz cuadrada de todo esto, menos uno, será el número que al principio se cuadró. Poned, por ejemplo, que uno toma cinco. Cuadrándolo serán veinticinco. Añadan el doble de los cinco y uno más con los mismos 25 y serán treinta y seis. Hecho esto, pregunta cuánto monta, y responderán que treinta y seis. Pues saca la raíz cuadrada de treinta y seis, que es seis, y de estos seis quita uno, y quedarán cinco, y tanto será el número que al principio se tomó.»

Las operaciones que deben efectuarse para adivinar un número a son las siguientes:

- Elevar al cuadrado el número pensado [$= a^2$].
- Sumar al resultado anterior el doble del número pensado [$= a^2 + 2a$].
- Añadir 1 a la suma anterior [$= a^2 + 2a + 1 = (a + 1)^2$].
- Extraer la raíz cuadrada de la suma anterior [$= \sqrt{(a+1)^2} = a + 1$].
- Restar 1 del resultado anterior [$(a + 1) - 1 = a$].

3. La raíz cuadrada y el cuadrado de la suma

Desde una óptica aritmética la raíz cuadrada de un número N es otro número, digamos n, tal que $n^2 = N$.

Simbólicamente:

$$\sqrt{N} = n \Leftrightarrow n^2 = N$$

PRIMER EJEMPLO: Cálculo de $\sqrt{4489}$

Número de cifras de la parte entera de $\sqrt{4489}$

El número 4489 se puede escribir así: $48 \cdot 10^2 + 89$.

Por tanto, la parte entera de $\sqrt{4489}$ debe ser un número del tipo $10a + b$ (con a y b números naturales) dado que, en este caso, las unidades de mayor orden de su cuadrado serán centenas.

En efecto:

$$(10a + b)^2 = a^2 \cdot 10^2 + b^2 + 2(10a)b = a^2 \cdot 10^2 + b[b + 2(10a)] \qquad (*)$$

Utilizaremos los sumandos $a^2 \cdot 10^2$ y $b[b + 2(10a)]$ de (*) para determinar la primera y segunda cifra de la parte entera de $\sqrt{4489}$, respectivamente.

Cálculo de la primera cifra de la parte entera de $\sqrt{4489}$

La primera cifra de la parte entera de $\sqrt{4489}$ es el número natural a para el que $a^2 \cdot 10^2$ es la mejor aproximación por defecto de 4489.

Por ensayo-error se tiene que:

$$\begin{aligned}
&\text{Si } a = 1 \Rightarrow a^2 \cdot 10^2 = 100 < 4489\\
&\text{Si } a = 2 \Rightarrow a^2 \cdot 10^2 = 400 < 4489\\
&\text{Si } a = 3 \Rightarrow a^2 \cdot 10^2 = 900 < 4489\\
&\text{Si } a = 4 \Rightarrow a^2 \cdot 10^2 = 1600 < 4489\\
&\text{Si } a = 5 \Rightarrow a^2 \cdot 10^2 = 2500 < 4489\\
&\text{Si } a = 6 \Rightarrow a^2 \cdot 10^2 = 3600 < 4489\\
&\text{Si } a = 7 \Rightarrow a^2 \cdot 10^2 = 4900 > 4489
\end{aligned}$$

En consecuencia, la primera cifra de la parte entera de $\sqrt{4489}$ es $a = 6$.

Por tanto:

$$\sqrt{4489} = 6 \cdot 10 + b + \ldots$$

Cálculo de la segunda cifra de la parte entera de $\sqrt{4489}$

La segunda cifra de la parte entera de $\sqrt{4489}$ es el número natural b tal que $b[b + 2(10a)] = b[b + 120]$ es la mejor aproximación por defecto de $4489 - 3600 = 889$.[2]

Por ensayo-error se tiene que:

$$\begin{aligned}
&\text{Si } b = 0 \Rightarrow b[b + 120] = \quad 0 < 889\\
&\text{Si } b = 1 \Rightarrow b[b + 120] = 121 < 889\\
&\text{Si } b = 2 \Rightarrow b[b + 120] = 244 < 889\\
&\text{Si } b = 3 \Rightarrow b[b + 120] = 369 < 889\\
&\text{Si } b = 4 \Rightarrow b[b + 120] = 496 < 889\\
&\text{Si } b = 5 \Rightarrow b[b + 120] = 625 < 889\\
&\text{Si } b = 6 \Rightarrow b[b + 120] = 756 < 889\\
&\text{Si } b = 7 \Rightarrow b[b + 120] = 889 = 889
\end{aligned}$$

En consecuencia, la segunda cifra de la parte entera de es $b = 7$.

2 Advirtamos que, en la diferencia 4489 – 3600, el sustraendo es el valor de $a^2 \cdot 10^2$ cuando $a = 6$.

Por tanto:

$$\sqrt{4489} = 6 \cdot 10 + 7 = 67$$

SEGUNDO EJEMPLO: Cálculo de $\sqrt{56169}$

Número de cifras de la parte entera de $\sqrt{56169}$

El número 56169 se puede expresar así: $5 \cdot 10^4 + 61 \cdot 10^2 + 69$.

Por tanto, la parte entera de $\sqrt{56169}$ debe ser un número del tipo $a \cdot 10^2 + b \cdot 10 + c$ (con a, b y c números naturales) dado que, en este caso, las unidades de mayor orden de su cuadrado serán diez millares.

En efecto:

$$(a \cdot 10^2 + b \cdot 10 + c)^2 = a^2 \cdot 10^4 + b^2 \cdot 10^2 + c^2 + 2(a \cdot 10^2)(b \cdot 10) + \\ + 2(a \cdot 10^2)c + 2(b \cdot 10)c = a^2 \cdot 10^4 + b[b \cdot 10^2 + 2(a \cdot 10^2)10] + \\ + c[c + 2(a \cdot 10^2) + 2(b \cdot 10)] \qquad (**)$$

Nos serviremos de los sumandos $a^2 \cdot 10^4$, $b[b \cdot 10^2 + 2(a \cdot 10^2)10]$ y $c[c + 2(a \cdot 10^2) + 2(b \cdot 10)]$ de (**) para determinar la primera, segunda y tercera cifra de la parte entera de $\sqrt{56169}$, respectivamente.

Cálculo de la primera cifra de la parte entera de $\sqrt{56169}$

La primera cifra de la parte entera de $\sqrt{56169}$ es el número natural a para el que $a^2 \cdot 10^4$ es la mejor aproximación por defecto de 56169.

Por ensayo-error se tiene que:

$$\text{Si } a = 1 \Rightarrow a^2 \cdot 10^4 = 10000 < 56169$$
$$\text{Si } a = 2 \Rightarrow a^2 \cdot 10^4 = 40000 < 56169$$
$$\text{Si } a = 3 \Rightarrow a^2 \cdot 10^4 = 90000 > 56169$$

En consecuencia, la primera cifra de la parte entera de $\sqrt{56169}$ es $a = 2$.

Por tanto:

$$\sqrt{56169} = 2 \cdot 10^2 + b \cdot 10 + c + \ldots$$

Cálculo de la segunda cifra de la parte entera de $\sqrt{56169}$

La segunda cifra de la parte entera de $\sqrt{56169}$ es el número natural b tal que $b[b \cdot 10^2 + 2(a \cdot 10^2)10] = b[b \cdot 10^2 + 4 \cdot 10^3]$ es la mejor aproximación por defecto de $56169 - 40000 = 16169$.[3]

Por ensayo-error se tiene que:

$$
\begin{aligned}
&\text{Si } b = 0 \Rightarrow b[b \cdot 10^2 + 4 \cdot 10^3] = 0 < 16169\\
&\text{Si } b = 1 \Rightarrow b[b \cdot 10^2 + 4 \cdot 10^3] = 4100 < 16169\\
&\text{Si } b = 2 \Rightarrow b[b \cdot 10^2 + 4 \cdot 10^3] = 8400 < 16169\\
&\text{Si } b = 3 \Rightarrow b[b \cdot 10^2 + 4 \cdot 10^3] = 12900 < 16169\\
&\text{Si } b = 4 \Rightarrow b[b \cdot 10^2 + 4 \cdot 10^3] = 17600 > 16169
\end{aligned}
$$

En consecuencia, la segunda cifra de la parte entera de $\sqrt{56169}$ es $b = 3$.

Por tanto:

$$\sqrt{56169} = 2 \cdot 10^2 + 3 \cdot 10 + c + \ldots$$

Cálculo de la tercera cifra de la parte entera de $\sqrt{56169}$

La tercera cifra de la parte entera de $\sqrt{56169}$ es el número natural c tal que $c[c + 2(a \cdot 10^2) + 2(b \cdot 10)] = c[c + 2(2 \cdot 10^2) + 2(3 \cdot 10)] = c[c + 460]$ es la mejor aproximación por defecto de $16169 - 12900 = 3269$.[4]

Por ensayo-error se tiene que:

$$
\begin{aligned}
&\text{Si } c = 0 \Rightarrow c[c + 460] = 0 < 3269\\
&\text{Si } c = 1 \Rightarrow c[c + 460] = 461 < 3269\\
&\text{Si } c = 2 \Rightarrow c[c + 460] = 924 < 3269\\
&\text{Si } c = 3 \Rightarrow c[c + 460] = 1389 < 3269\\
&\text{Si } c = 4 \Rightarrow c[c + 460] = 1856 < 3269\\
&\text{Si } c = 5 \Rightarrow c[c + 460] = 2325 < 3269\\
&\text{Si } c = 6 \Rightarrow c[c + 460] = 2796 < 3269\\
&\text{Si } c = 7 \Rightarrow c[c + 460] = 3269 = 3269
\end{aligned}
$$

3 Notemos que, en la diferencia 56169 – 40000, el sustraendo es el valor de $a^2 \cdot 10^4$ para $a = 2$.

4 Notemos que en la diferencia 16169 – 12900, el sustraendo es el valor de $b[b \cdot 10^2 + 4 \cdot 10^3]$ para $b = 3$.

En consecuencia, la tercera cifra de la parte entera de $\sqrt{56169}$ es $c = 7$.

Por tanto:

$$\sqrt{56169} = 2 \cdot 10^2 + 3 \cdot 10 + 7 = 237$$

4. «Completar cuadrados»: una estrategia inteligente para resolver ecuaciones de segundo grado.

La técnica de «completar cuadrados» es un recurso muy útil a la hora de resolver ecuaciones de segundo grado con una incógnita.

En efecto, sea la ecuación cuadrática $ax^2 + bx + c = 0$.

Entonces:

$$ax^2 + bx + c = 0 \Rightarrow x^2 + \frac{b}{a}x + \frac{c}{a} = 0 \Rightarrow x^2 + 2\frac{b}{2a}x + \frac{c}{a} = 0 \Rightarrow$$

$$\Rightarrow x^2 + 2\frac{b}{2a}x + \frac{b^2}{4a^2} - \frac{b^2}{4a^2} + \frac{c}{a} = 0 \Rightarrow x^2 + 2\frac{b}{2a}x + \frac{b^2}{4a^2} = \frac{b^2}{4a^2} - \frac{c}{a} \Rightarrow$$

$$\Rightarrow \left(x + \frac{b}{2a}\right)^2 = \frac{b^2}{4a^2} - \frac{c}{a} \Rightarrow x + \frac{b}{2a} = \pm\sqrt{\frac{b^2}{4a^2} - \frac{c}{a}} \Rightarrow$$

$$\Rightarrow x = -\frac{b}{2a} \pm \sqrt{\frac{b^2 - 4ac}{4a^2}} \Rightarrow$$

$$\Rightarrow x = -\frac{b}{2a} \pm \frac{\sqrt{b^2 - 4ac}}{2a} \Rightarrow x = \frac{-b \pm \sqrt{b^2 - 4ac}}{2a}$$

5. Una identidad que resuelve algunos problemas cuadráticos

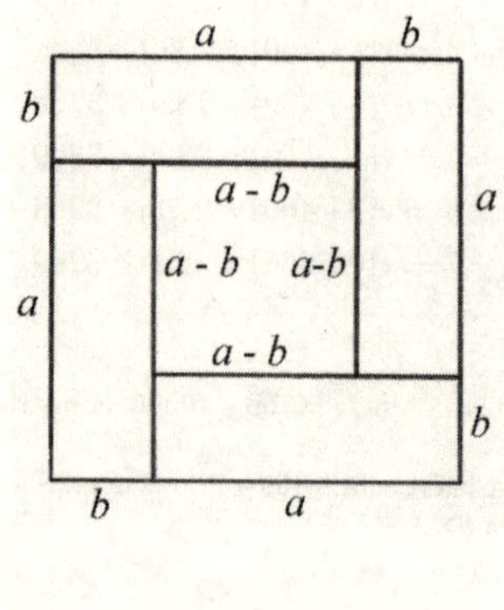

La figura anterior se puede traducir fácilmente a la siguiente identidad algebraica.

$$(a+b)^2-(a-b)^2=4ab$$

De donde:

$$\left(\frac{a+b}{2}\right)^2-\left(\frac{a-b}{2}\right)^2=ab \qquad (***)$$

Al parecer, los antiguos babilonios conocieron y utilizaron dicha expresión para resolver algunos problemas cuadráticos.

Para cerciorarnos de ello, consideremos el problema cuarto de la tablilla cuneiforme BM 13901 (ca. 2000 a. C.).

	BM 13901 / Problema 4	**Traducción al simbolismo algebraico moderno**
	La suma de las áreas de dos cuadrados es 1300. El producto de los lados de dichos cuadrados es 600	$x^2+y^2=1300$ $xy=600$
1ª etapa	Divide 1300 en dos partes iguales.	$\frac{x^2+y^2}{2}=650$
2ª etapa	Multiplica 650 por 650: 422500.	$\left(\frac{x^2+y^2}{2}\right)^2=422500$
3ª etapa	Multiplica 600 por 600.	$(xy)^2=360000$
4ª etapa	Resta 360000 de 422500 y obtienes 62500.	$\left(\frac{x^2+y^2}{2}\right)^2-(xy)^2=62500$
5ª etapa	El lado del cuadrado es 250.	$\left(\frac{x^2-y^2}{2}\right)^2=62500 \Rightarrow \frac{x^2-y^2}{2}=250$
6ª etapa	Añade 250 a 650: 900	$\frac{x^2+y^2}{2}+\frac{x^2-y^2}{2}=x^2=900$
7ª etapa	El lado es 30. 30 el primer cuadrado.	$x=30$
8ª etapa	Resta 250 de 650 y obtienes 400.	$\frac{x^2+y^2}{2}-\frac{x^2-y^2}{2}=y^2=400$
9ª etapa	El lado es 20. 20 es el segundo cuadrado	$y=20$

Notemos que para pasar de la cuarta etapa a la quinta es necesario hacer uso de la identidad (***).

En efecto:

Si en (***) hacemos $a = x^2$ y $b = y^2$ resulta:

$$\left(\frac{x^2+y^2}{2}\right)^2 - \left(\frac{x^2-y^2}{2}\right)^2 = x^2\,y^2 = (xy)^2 \Rightarrow \left(\frac{x^2+y^2}{2}\right)^2 - (xy)^2 = \left(\frac{x^2-y^2}{2}\right)^2$$

Con esto:

$$\left(\frac{x^2+y^2}{2}\right)^2 - (xy)^2 = 62500 \Rightarrow \left(\frac{x^2-y^2}{2}\right)^2 = 62500 \Rightarrow = \frac{x^2-y^2}{2} = \sqrt{62500} = 250$$

Encontramos otra aplicación de la identidad (***) en la *Arithmetica practica, y speculatiua* de Juan Pérez de Moya.

En el capítulo XXIII del libro segundo (p.218) leemos:

> ¶Dame.2.numeros,q̃ el quadrado del vno exce da al del otro en.12.o en lo que quiſieres. Diuide los.12.en.2.partes tales, que la differencia de la vna ala otra ſea vno,aſsi como.5.y $\frac{1}{2}$ y 6.y $\frac{1}{2}$ y eſtos ſeran los.2.numeros,que ſus quadrados ex cederan en.12.y aſsi haras las ſemejantes.

La resolución del problema se apoya en una adaptación de la expresión (***) cuando $b = 1$.

En esta situación, se tiene que:

$$\left(\frac{a+1}{2}\right)^2 - \left(\frac{a-1}{2}\right)^2 = a$$

Además, si $a = 12$, resulta que:

$$\left(\frac{13}{2}\right)^2 - \left(\frac{11}{2}\right)^2 = 12$$

Esta es la solución propuesta por el jienense Pérez de Moya.

6. Cubo de la suma

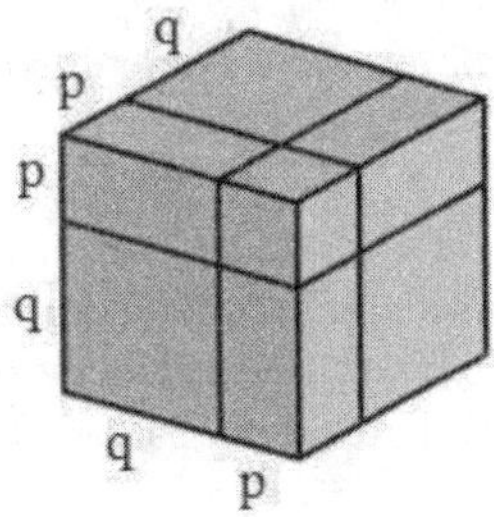

En la parte izquierda de la figura anterior se representa un cubo de arista $p + q$. Por consiguiente, el volumen de dicho hexaedro viene dado por $(p + q)^3$.

Por otro lado, la parte derecha de la figura anterior presenta una descomposición del cubo de arista $p + q$ en ocho piezas: un cubo de volumen p^3, un cubo de volumen q^3, y seis ortoedros (notemos que tres de ellos tienen un volumen igual a p^2q y otros tres tienen un volumen igual a pq^2).

En consecuencia:

$$(p + q)^3 = p^3 + q^3 + 3p^2 q + 3pq^2 \qquad [\alpha]$$

¿Qué sucederá cuando la arista del cubo original sea $p + q + r$?

Si la arista del cubo es $p + q + r$, entonces su volumen es $(p + q + r)^3$.

Además, dado que la arista está dividida en tres partes, el cubo se puede descomponer en $3^3 = 27$ piezas (nueve en cada uno de los pisos de «alturas» p, q y r). El volumen de cada una de ellas es un sumando del desarrollo de $(p + q + r)^3$.

¿Qué estructura tienen estos sumandos?

Dado que las dimensiones de cada pieza pertenecen al conjunto $\{p, q, r\}$, resulta obvio que se pueden presentar las tres situaciones siguientes:

(1) Las tres dimensiones coinciden. En este caso las piezas son cubos de volúmenes respectivos p^3, q^3 y r^3.
(2) Sólo coinciden dos dimensiones. En esta situación, los volúmenes de las piezas son p^2q, p^2r, q^2r, r^2q, r^2p y q^2p.
(3) Las tres dimensiones son diferentes. En este caso los volúmenes de las piezas son pqr.

¿Cuántas piezas hay de cada tipo?

Para hacer un recuento efectivo, consideremos una vista cenital del cubo (véase la figura siguiente). En ella, en el interior de cada una de las nueve piezas, hemos escrito el área de su base.

	p	q	r
p	p^2	pq	pr
q	pq	q^2	qr
r	pr	qr	r^2

Teniendo en cuenta que el cubo tiene tres pisos de alturas respectivas p, q y r se pueden localizar, en cada piso, las piezas descritas en los apartados (1), (2) y (3) escribiendo sus volúmenes en el interior de cada una de ellas (véanse los diagramas siguientes).

	p	q	r
p	p^3	p^2q	p^2r
q	p^2q	pq^2	pqr
r	p^2r	pqr	pr^2

Piezas del piso de altura p

	p	q	r
p	p^2q	pq^2	pqr
q	pq^2	q^3	q^2r
r	pqr	q^2r	qr^2

Piezas del piso de altura q

	p	q	r
p	p^2r	pqr	pr^2
q	pqr	q^2r	qr^2
r	pr^2	qr^2	r^3

Piezas del piso de altura r

En la tabla siguiente se presenta un resumen de los resultados anteriores.

Tipo de pieza	Número de piezas en el piso de altura p	Número de piezas en el piso de altura q	Número de piezas en el piso de altura r	Número total de piezas
p^3	1	-	-	1
q^3	-	1	-	1
r^3	-	-	1	1
p^2q	2	1	-	3
p^2r	2	-	1	3
q^2r	-	2	1	3
r^2q	-	1	2	3
r^2p	1	-	2	3
q^2p	1	2	-	3
pqr	2	2	2	6
	9	9	9	27

A partir de aquí, resulta claro que:

$$(p+q+r)^3 = p^3 + q^3 + r^3 + 3p^2 q + 3p^2 r + 3q^2 r + 3r^2 q + 3r^2 p + 3q^2 p + 6pqr \qquad [\beta]$$

7. La raíz cúbica y el cubo de la suma

Desde una óptica aritmética la raíz cúbica de un número N es otro número, digamos n, tal que $n^3 = N$.

Simbólicamente:

$$\sqrt[3]{N} = n \Leftrightarrow n^3 = N$$

PRIMER EJEMPLO: Cálculo de $\sqrt[3]{42875}$

Número de cifras de la parte entera de $\sqrt[3]{42875}$

El número 42875 se puede escribir así: $48 \cdot 10^3 + 875$.

Por tanto, la parte entera de $\sqrt[3]{42875}$ debe ser un número del tipo $10a + b$ (con a y b números naturales) dado que, en este caso, las unidades de mayor orden de su cubo serán millares.

En efecto, en virtud de la identidad [α] se tiene que:

$$(10a+b)^3 = (10a)^3 + b^3 + 3(10a)^2 b + 3(10a) b^2 =$$
$$= 1000a^3 + b(b^2 + 300a^2 + 30ab)$$

Utilizaremos los sumandos $1000a^3$ y $b(b^2 + 300a^2 + 30ab)$ de la expresión anterior para determinar la primera y segunda cifra de la parte entera de $\sqrt[3]{42875}$, respectivamente.

Cálculo de la primera cifra de la parte entera de $\sqrt[3]{42875}$

La primera cifra de la parte entera de $\sqrt[3]{42875}$ es el número natural a tal que $1000a^3$ es la mejor aproximación por defecto de 42875.

Por ensayo-error se tiene que:

$$Si\ a = 1 \Rightarrow 1000a^3 = 1000 < 42875$$
$$Si\ a = 2 \Rightarrow 1000a^3 = 8000 < 42875$$
$$Si\ a = 3 \Rightarrow 1000a^3 = 27000 < 42875$$
$$Si\ a = 4 \Rightarrow 1000a^3 = 64000 > 42875$$

En consecuencia, la primera cifra de la parte entera de $\sqrt[3]{42875}$ es $\boldsymbol{a = 3}$.

Por tanto:

$$\sqrt[3]{42875} = 3 \cdot 10 + b + \ldots$$

Cálculo de la segunda cifra de la parte entera de $\sqrt[3]{42875}$

La segunda cifra de la parte entera de $\sqrt[3]{42875}$ es el número natural b tal que $b(b^2 + 300a^2 + 30ab) = b(b^2 + 2700 + 90b)$ es la mejor aproximación por defecto de $42875 - 27000 = 15875$.[5]

Por ensayo-error se tiene que:

$$\begin{aligned}
&\text{Si } b = 0 \Rightarrow b(b^2 + 2700 + 90b) = 0 < 15875\\
&\text{Si } b = 1 \Rightarrow b(b^2 + 2700 + 90b) = 2791 < 15875\\
&\text{Si } b = 2 \Rightarrow b(b^2 + 2700 + 90b) = 5768 < 15875\\
&\text{Si } b = 3 \Rightarrow b(b^2 + 2700 + 90b) = 8937 < 15875\\
&\text{Si } b = 4 \Rightarrow b(b^2 + 2700 + 90b) = 12304 < 15875\\
&\text{Si } b = 5 \Rightarrow b(b^2 + 2700 + 90b) = 15875 = 15875
\end{aligned}$$

En consecuencia, la segunda cifra de la parte entera de $\sqrt[3]{42875}$ es $b = 5$.

Por tanto:

$$\sqrt[3]{42875} = 3 \cdot 10 + 5 = 35$$

SEGUNDO EJEMPLO: Cálculo de $\sqrt[3]{1860867}$

Número de cifras de la parte entera de $\sqrt[3]{1860867}$

El número 1860867 se puede escribir así: $1 \cdot 10^6 + 860 \cdot 10^3 + 867$.

Por tanto, la parte entera de $\sqrt[3]{1860867}$ debe ser un número del tipo $100a + 10b + c$ (con a , b y c números naturales) dado que, en este caso, las unidades de mayor orden de su cubo serán millones.

En efecto, en virtud de la identidad [β] se tiene que:

$$(100a + 10b + c)^3 = (100a)^3 + (10b)^3 + c^3 + 3(100a)^2\,(10b) + 3(100a)^2\,c + 3(10b)^2\,c + 3c^2\,(10b) + 3c^2\,(100a) + 3(10b)^2\,(100a) + 6(100a)\,(10b)\,c = (100a)^3 + 10b[(10b)^2 + 3(100a)^2 + 3(100a)(10b)] + c[c^2 + 3(100a)^2 + 3(10b)^2 + 3c(10b) + 3c(100a) + 6(100a)(10b)]$$

5 Notemos que, en la diferencia 42875 – 27000, el sustraendo es el valor de $1000a^3$ para $a = 3$.

Utilizaremos los sumandos:

- $(100a)^3$
- $10b[(10b)^2 + 3(100a)^2 + 3(100a)(10b)]$
- $c[c^2 + 3(100a)^2 + 3(10b)^2 + 3c(10b) + 3c(100a) + 6(100a)(10b)]$

de la expresión anterior para determinar la primera, segunda y tercera cifra de la parte entera de $\sqrt[3]{1860867}$, respectivamente.

Cálculo de la primera cifra de la parte entera de $\sqrt[3]{1860867}$

La primera cifra de la parte entera de $\sqrt[3]{1860867}$ es el número natural a tal que $(100a)^3$ es la mejor aproximación por defecto de 1860867.

Por ensayo-error se tiene que:

$$\text{Si } a = 1 \Rightarrow (100a)^3 = 1000000 < 1860867$$
$$\text{Si } a = 2 \Rightarrow (100a)^3 = 8000000 > 1860867$$

En consecuencia, la primera cifra de la parte entera de $\sqrt[3]{1860867}$ es $a = 1$.

Por tanto:

$$\sqrt[3]{1860867} = 1 \cdot 10^2 + b \cdot 10 + c + \dots$$

Cálculo de la segunda cifra de la parte entera de $\sqrt[3]{1860867}$

La segunda cifra de la parte entera de $\sqrt[3]{1860867}$ es el número natural b tal que $10b[(10b)^2 + 3(100a)^2 + 3(100a)(10b)] = 10b[(10b)^2 + 3(100)^2 + 3(100)(10b)] = 10b[100b^2 + 30000 + 3000b]$ es la mejor aproximación por defecto de $1860867 - 1000000 = 860867$.[6]

Por ensayo-error se tiene que:

$$\text{Si } b = 0 \Rightarrow 10b[100b^2 + 30000 + 3000b] = 0 < 860867$$
$$\text{Si } b = 1 \Rightarrow 10b[100b^2 + 30000 + 3000b] = 331000 < 860867$$
$$\text{Si } b = 2 \Rightarrow 10b[100b^2 + 30000 + 3000b] = 728000 < 860867$$
$$\text{Si } b = 3 \Rightarrow 10b[100b^2 + 30000 + 3000b] = 1197000 > 860867$$

6 Notemos que, en la diferencia 1860867 – 1000000, el sustraendo es el valor de $(100a)^3$ para $a = 1$.

Por tanto, la segunda cifra de la parte entera de $\sqrt[3]{1860867}$ es $b = 2$.
En consecuencia:

$$\sqrt[3]{1860867} = 1 \cdot 10^2 + 2 \cdot 10 + c + \ldots$$

Cálculo de la tercera cifra de la parte entera de $\sqrt[3]{1860867}$

La tercera cifra de la parte entera de $\sqrt[3]{1860867}$ es el número natural c tal que $c[c^2 + 3(100a)^2 + 3(10b)^2 + 3c(10b) + 3c(100a) + 6(100a)(10b)] = c[c^2 + 3(100)^2 + 3(20)^2 + 3c(20) + 3c(100) + 6(100)(20)\ ] = c[c^2 + 30000 + 1200 + 60c + 300c + 12000] = c[c^2 + 360c + 43200]$ es la mejor aproximación por defecto de $860867 - 728000 = 132867$.[7]

Por ensayo-error se tiene que:

$$\begin{aligned}
&\text{Si } c = 0 \Rightarrow c[c^2 + 360c + 43200] = 0 < 132867\\
&\text{Si } c = 1 \Rightarrow c[c^2 + 360c + 43200] = 43561 < 132867\\
&\text{Si } c = 2 \Rightarrow c[c^2 + 360c + 43200] = 87848 < 132867\\
&\text{Si } c = 3 \Rightarrow c[c^2 + 360c + 43200] = 132867 = 132867
\end{aligned}$$

Por tanto, la tercera cifra de la parte entera de $\sqrt[3]{1860867}$ es $c = 3$.
En consecuencia:

$$\sqrt[3]{1860867} = 1 \cdot 10^2 + 2 \cdot 10 + 3 = 123$$

8. Resolución de la ecuación de tercer grado

Nicolo Fontana (1499-1557)

7 Notemos que, en la diferencia $860867 - 728000$, el sustraendo es el valor de $10b[100b^2 + 30000 + 3000b]$ para $b = 2$.

Nicolo Fontana («Tartaglia»), matemático italiano del siglo XVI, descubrió una regla para resolver la ecuación cúbica $x^3 + bx = c$ que comunicó en los siguientes tercetos.

Tercetos	Traducción al simbolismo moderno
Cuando el cubo y las cosas juntas	$x^3 + bx$
Se igualan a cualquier número discreto:	$x^3 + bx = c$
Se buscan otros dos que difieran en él.	$u - v = c$
Luego, tendrás por costumbre	
Que su producto sea siempre igual	
Al cubo de la tercera parte de las cosas conocidas.	$uv = (b/3)^3$
Como regla general, lo que queda	
De la diferencia de sus raíces cúbicas	
Será igual a tu cosa principal.	$x = \sqrt[3]{u} - \sqrt[3]{v}$

Se desconoce la forma en que Tartaglia descubrió esta regla, pero bien pudo ser del modo siguiente.

Si en la identidad [α] se sustituye q por $(-q)$ resulta:

$$[p + (-q)]^3 = p^3 + (-q)^3 + 3p^2(-q) + 3p(-q)^2 \Rightarrow$$
$$\Rightarrow (p - q)^3 = p^3 - 3p^2q + 3pq^2 - q^3 \Rightarrow$$
$$\Rightarrow p^3 - q^3 = (p - q)^3 + 3p^2q - 3pq^2 \Rightarrow$$
$$\Rightarrow p^3 - q^3 = (p - q)^3 + 3pq(p - q)$$

A partir de aquí, haciendo $p = \sqrt[3]{u}$ y $q = \sqrt[3]{v}$ se tiene que:

$$u - v = (\sqrt[3]{u} - \sqrt[3]{v})^3 + 3\sqrt[3]{uv}(\sqrt[3]{u} - \sqrt[3]{v})$$

Si se compara la identidad anterior con la ecuación $x^3 + bx = c$ que se quiere resolver, resulta que:

$$u - v = c$$
$$3\sqrt[3]{uv} = b \Rightarrow \sqrt[3]{uv} = \frac{b}{3} \Rightarrow uv = \left(\frac{b}{3}\right)^3$$
$$x^3 = (\sqrt[3]{u} - \sqrt[3]{v})^3 \Rightarrow x = \sqrt[3]{u} - \sqrt[3]{v}$$

En consecuencia, la regla de Tartaglia es correcta.

Sólo queda obtener la expresión de *x* en función de *b* y *c*.

$$\left.\begin{array}{l} u-v=c \\ uv=\left(\frac{b}{3}\right)^3 \end{array}\right\} \Rightarrow \left.\begin{array}{l} u=v+c \\ uv=\left(\frac{b}{3}\right)^3 \end{array}\right\} \Rightarrow (v+c)v=\left(\frac{b}{3}\right)^3 \Rightarrow v^2+cv=\left(\frac{b}{3}\right)^3 \Rightarrow$$

$$v^2+cv-\left(\frac{b}{3}\right)^3=0 \Rightarrow v=\frac{-c\pm\sqrt{c^2+4\left(\frac{b}{3}\right)^3}}{2}=\frac{-c}{2}\pm\sqrt{\frac{c^2}{4}+\left(\frac{b}{3}\right)^3}$$

Entonces, dado que la ecuación $x^3 + bx = c$ tiene una única solución real positiva, se tiene que:

$$v=\sqrt{\frac{c^2}{4}+\left(\frac{b}{3}\right)^3}-\frac{c}{2} \quad \text{y} \quad u=v+c=\left(\sqrt{\frac{c^2}{4}+\left(\frac{b}{3}\right)^3}-\frac{c}{2}\right)+c=\sqrt{\frac{c^2}{4}+\left(\frac{b}{3}\right)^3}+\frac{c}{2}$$

Por tanto:

$$x=\sqrt[3]{\sqrt{\frac{c^2}{4}+\left(\frac{b}{3}\right)^3}+\frac{c}{2}}-\sqrt[3]{\sqrt{\frac{c^2}{4}+\left(\frac{b}{3}\right)^3}-\frac{c}{2}}$$

Referencias bibliográficas

MEAVILLA SEGUÍ, V. (2008). *Aspectos históricos de las matemáticas elementales* (2ª edición). Zaragoza: Prensas Universitarias de Zaragoza.

PÉREZ DE MOYA, J. (1562). *Arithmetica practica, y speculatiua.* Salamanca: Matias Gast.

VERA, F. (1970). *Científicos griegos* (dos volúmenes). Madrid: Aguilar, S. A. de ediciones.

Capítulo 3

El teorema de Pitágoras

El teorema de Pitágoras es, sin duda alguna, uno de los tópicos matemáticos más populares.

Euclides de Alejandría (306 a. C-285 a. C) lo enunciaba así en la proposición 47 del libro I de sus famosos *Elementos:*

> *En los triángulos rectángulos, el cuadrado construido sobre el lado opuesto al ángulo recto* [= hipotenusa] *es equivalente*[1] *a los cuadrados sobre los lados que forman este ángulo recto* [= catetos].

Hay numerosas demostraciones del «teorema de los tres cuadrados». En las líneas que siguen ofrecemos unas pocas, ordenadas cronológicamente.

1. Una demostración egipcia

En el libro *Greek geometry from Thales to Euclid*, el historiador George Johnston Allman afirma que los antiguos egipcios estuvieron en condiciones de demostrar el «teorema del triángulo rectángulo» para el caso particular de un triángulo rectángulo isósceles.

Esta hipótesis no resulta inadmisible dado que la simple contemplación de un suelo cubierto con baldosas cuadradas conduce, de forma rápida, a la conclusión de que el cuadrado construido sobre

1 Se dice que dos o más figuras son equivalentes cuando tienen la misma área.

la hipotenusa de un triángulo rectángulo isósceles es equivalente a los cuadrados construidos sobre los catetos.

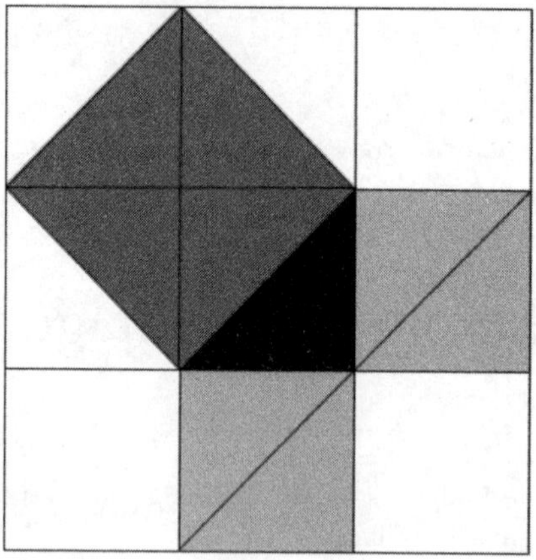

En efecto.

El triángulo negro de la figura anterior es un triángulo rectángulo isósceles.

El cuadrado gris construido sobre su hipotenusa está formado por cuatro triángulos iguales al triángulo negro. Además, cada uno de los cuadrados grises construidos sobre los catetos del triángulo negro está formado por dos triángulos iguales a él.

Dicho en otras palabras:

El área del cuadrado sobre la hipotenusa del triángulo negro [= 4] es igual a la suma de las áreas de los cuadrados sobre sus catetos [= 2 + 2].

El filósofo Platón (ca. 429 a.C.-347 a.C.) describe una demostración similar en su diálogo «Menón». Veámosla.

SÓCRATES: Dime, amigo mío: ¿Sabes tú que este espacio es cuadrado?

ESCLAVO: Sí.

SÓCRATES: ¿Y que en un espacio cuadrado las cuatro líneas que ves son iguales?

ESCLAVO: Enteramente.

SÓCRATES: ¿Y que estas líneas que lo cruzan por la mitad[2] son también iguales?
ESCLAVO: Sí.
SÓCRATES: Un espacio de esta clase, ¿puede ser mayor o menor?
ESCLAVO: Ciertamente.
SÓCRATES: Si se dieran a este lado dos pies de longitud y a este otro también dos pies, ¿cuál sería la dimensión del todo? Examina esto: si por este lado hubiese dos pies y por este uno solo, ¿no es verdad que el espacio sería de una vez dos pies?
ESCLAVO: Sí.
SÓCRATES: Ahora bien, al tener también dos pies para el segundo lado, ¿no supone esto dos veces dos?
ESCLAVO: En efecto.
SÓCRATES: El espacio es entonces, dos veces dos pies, ¿no?
ESCLAVO: Sí.
SÓCCRATES: ¿Cuántas veces hacen dos veces dos pies? Calcúlalo.
ESCLAVO: Cuatro, Sócrates.
SÓCRATES:¿No se podría tener otro espacio doble de este, pero semejante, y que tuviera también todas sus líneas iguales? [3]
ESCLAVO: Sí.
SÓCRATES: ¿Cuántos pies tendría?
ESCLAVO: Ocho.
SÓCRATES: Pues bien, intenta decirme cuál sería la longitud de cada línea en este nuevo espacio. En esa línea tiene dos pies, ¿cuántos tendría en el segundo, que sería doble?

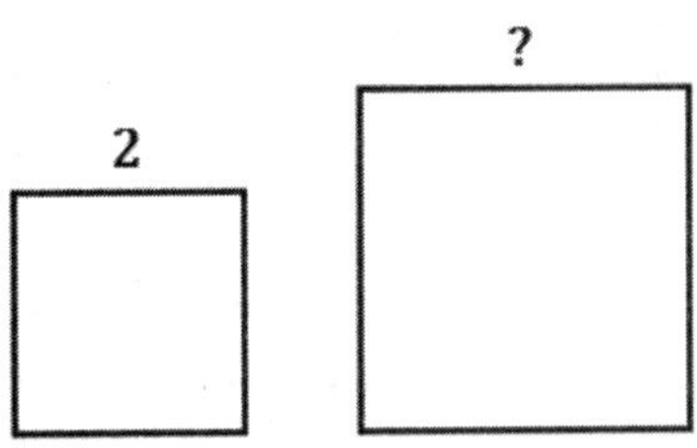

ESCLAVO: Es evidente, Sócrates, que tendría el doble.
SÓCRATES: Respóndeme. Tú dices que una línea doble da lugar

2 Sócrates de refiere a las diagonales del cuadrado.
3 Sócrates plantea aquí el siguiente problema geométrico: Construir un cuadrado doble de uno dado.

a una superficie dos veces más grande, ¿no? Entiende bien lo que digo. Yo no hablo de una superficie larga por un lado, corta por el otro; busco una superficie larga como esta, igual en todos los sentidos, pero que tenga una extensión del doble; es decir, de ocho pies. Mira si sigues creyendo aún que ella ha de ser el resultado de doblar la línea.

ESCLAVO: Así lo creo.

SÓCRATES: Esta línea que tú ves, ¿quedará doblada si, partiendo de aquí, le añadimos otra de igual longitud?

ESCLAVO: Sin duda.

SÓCRATES: Así, pues, si trazamos cuatro líneas iguales, ¿se construirá la superficie de ocho pies sobre esta nueva línea?

ESCLAVO: Sí.

SÓCRATES: Tracemos las cuatro líneas según el modelo este. ¿Es esta la superficie que tú dices es de ocho pies?

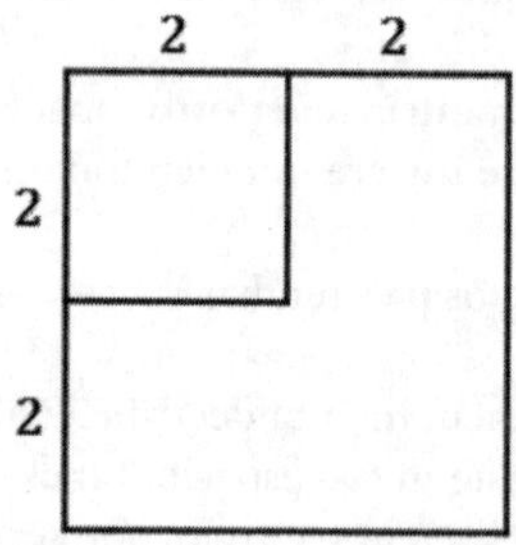

ESCLAVO: Ciertamente.

SÓCRATES: Acaso en nuestro nuevo espacio no hay estos cuatro, de los que cada uno es igual al primero, al de cuatro pies?

ESCLAVO: Sí.

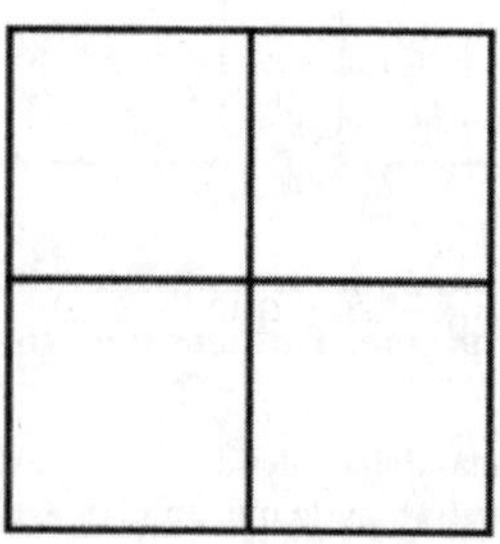

SÓCRATES: ¿Cuál es, pues, según esto, la extensión del último? ¿No es cuatro veces mayor?

ESCLAVO: Necesariamente.

SÓCRATES: Y una cosa cuatro veces mayor que otra, ¿es, pues, el doble de ella?

ESCLAVO: ¡No, por Zeus!

SÓCRATES: ¿Qué es entonces?

ESCLAVO: El cuádruplo.

SÓCRATES: De manera que, doblando la línea, no obtienes tú una superficie doble, sino una superficie cuádruple.

ESCLAVO: Es verdad.

SÓCRATES: Cuatro veces cuatro son dieciséis, ¿no?

ESCLAVO: Sí.

SÓCRATES: ¿Con qué línea, pues, obtendremos una superficie de ocho pies? Pues esta nos da una superficie que es cuádruple de la primera, ¿no?

ESCLAVO: Sí.

SÓCRATES: Y esta línea cuya longitud es de la mitad nos da una superficie de cuatro pies, ¿no?

ESCLAVO: Sí.

SÓCRATES: Bien. ¿Y acaso la superficie de ocho pies no es el doble de esta que tiene cuatro pies, y la mitad de la otra, que tiene dieciséis?

ESCLAVO: Ciertamente.

SÓCRATES: Necesitamos, pues, una línea más corta que esta[4] y más larga[5] que aquella, ¿no?

ESCLAVO: Así me parece.

SÓCRATES: Muy bien. Respóndeme según lo que tú creas. Dime, ¿no tenía nuestra primera línea dos pies y cuatro pies la segunda?

ESCLAVO: Sí.

SÓCRATES: Por tanto, para el espacio de ocho pies, ¿necesitamos una línea más larga que esta, que tiene dos pies, pero más corta que aquella que tiene cuatro?

ESCLAVO: Sí.

SÓCRATES: Intenta decirme qué longitud le das tú.

ESCLAVO: Tres pies.

---

4 Es decir, una línea menor que la que mide cuatro pies.

5 Es decir, una línea mayor que la que mide dos pies.

SÓCRATES: Para que ella tenga tres pies de longitud no tenemos que añadirle más que la mitad de su longitud, lo cual es aquí dos pies más un pie. Y en la otra también dos pies más un pie. Y obtenemos el cuadrado que tú pedías.
ESCLAVO: Sí.
SÓCRATES: Ahora bien, si el espacio tiene tres pies de longitud y tres pies de anchura, ¿no será la superficie de tres veces tres pies?
ESCLAVO: Claro que sí.
SÓCRATES: ¿Y cuántos son tres veces tres?
ESCLAVO: Nueve.
SÓCRATES: Y para que la superficie fuera doble de la primera, ¿cuántos pies debía tener?
ESCLAVO: Ocho.
SÓCRATES: Así, pues, la línea de tres pies no es todavía la que nos proporciona la superficie de ocho pies.
ESCLAVO: Evidentemente que no.
SÓCRATES: ¿Cuál es esta? Intenta decírmelo con exactitud, y si prefieres no tener que hacer cálculos, muéstranosla.
ESCLAVO: Pero, ¡por Zeus!, Sócrates, yo no sé nada de todo esto.
SÓCRATES: Respóndeme tú. Tenemos, pues, aquí un espacio de cuatro pies, ¿comprendido?

ESCLAVO: Sí.
SÓCRATES: ¿Podemos añadirle este otro que es igual a él?

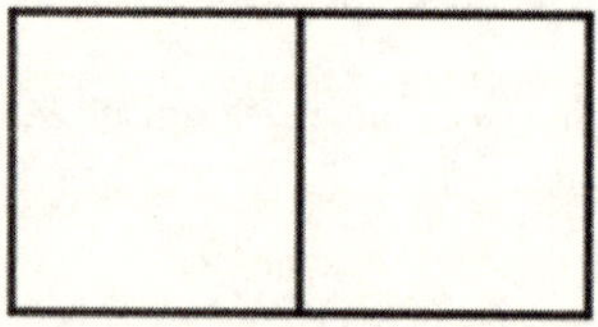

ESCLAVO: Sí.

SÓCRATES: ¿Y también este tercero, igual a cada uno de los dos primeros?

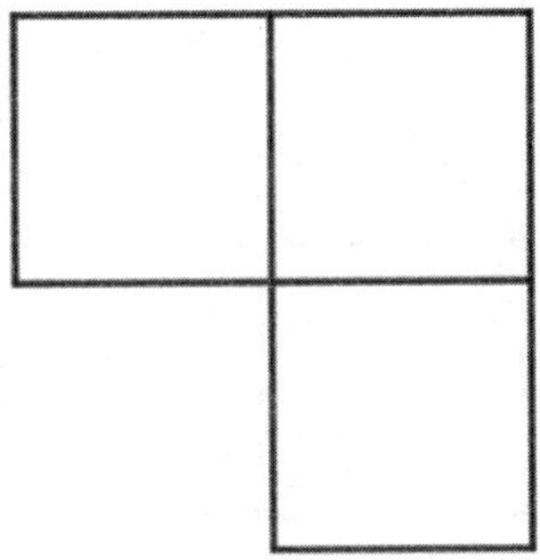

ESCLAVO: Sí.

SÓCRATES: ¿Y llenar luego este ángulo que queda vacío?

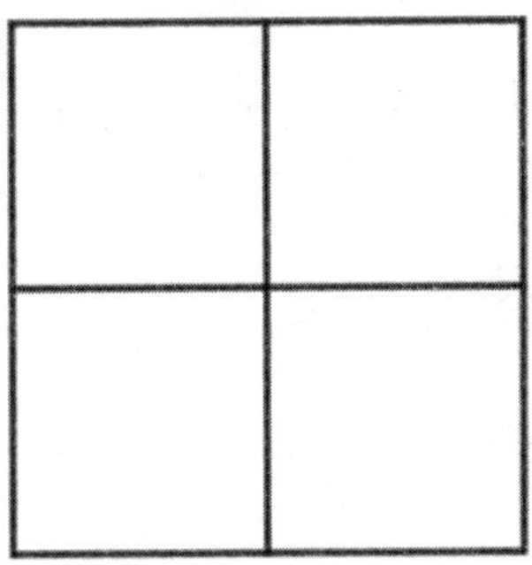

ESCLAVO: Completamente.

SÓCRATES: ¿No tenemos aquí ahora cuatro espacios iguales?

ESCLAVO: Sí.

SÓCRATES: Y todos juntos, ¿cuántas veces mayores que este son?

ESCLAVO: Cuatro veces.

SÓCRATES: Ahora bien, nosotros estábamos buscando una superficie del doble. ¿Te acuerdas?

ESCLAVO: Enteramente.

SÓCRATES: Si en cada cuadrado trazamos una línea de un ángulo a otro, ¿no cortará las superficies en dos partes iguales?

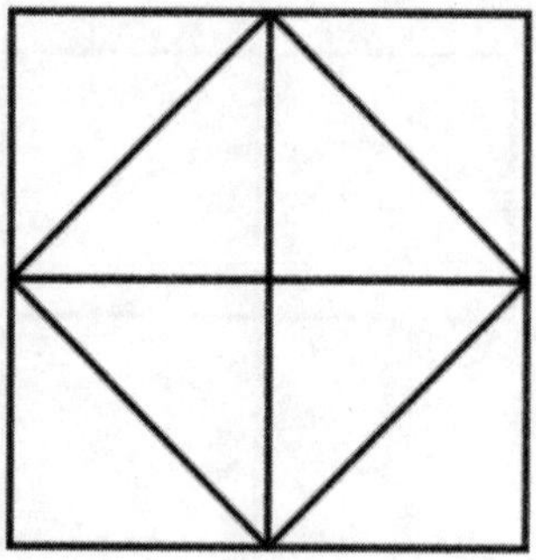

ESCLAVO: Sí.

SÓCRATES: He aquí, pues, cuatro líneas iguales que encierran un nuevo cuadrado.

ESCLAVO: Efectivamente.

SÓCRATES: Piensa, ¿cuál es la dimensión de este cuadrado?

ESCLAVO: No lo sé.

SÓCRATES: ¿No hemos dicho que en cada uno de estos cuadrados cada una de nuestras líneas ha separado dentro una mitad de ellos? ¿O no es así?

ESCLAVO: Sí.

SÓCRATES: ¿Y cuántas mitades de estas hay en el cuadrado del centro?

ESCLAVO: Cuatro.

SÓCRATES: ¿Y en este?[6]

ESCLAVO: Dos.

SÓCRATES: ¿Y qué es cuatro respecto de dos?

ESCLAVO: El doble.

SÓCRATES: ¿Cuántos pies tiene, entonces, este cuadrado?[7]

ESCLAVO: Ocho.

SÓCRATES. ¿Y sobre qué línea se ha construido?

ESCLAVO: Sobre esta.

---

6 Sócrates se refiere a uno cualquiera de los cuatro cuadrados de dos pies de lado.

7 Sócrates se refiere al cuadrado cuyo lado es la diagonal del cuadrado de dos pies de lado.

SÓCRATES: ¿Sobre la línea que va de un ángulo a otro en el cuadrado de cuatro pies?
ESCLAVO: Sí.
SÓCRATES: Esta línea es lo que los sofistas llaman la diagonal. Supuesto que este es su nombre, la diagonal es, según tú, esclavo de Menón, lo que da lugar a la superficie del doble.
ESCLAVO: Así es, en efecto, Sócrates.

2. Dos demostraciones atribuidas a Pitágoras (s. VI a. C.)

PRIMERA DEMOSTRACIÓN

Algunos historiadores sugieren que Pitágoras pudo demostrar el teorema que lleva su nombre utilizando un procedimiento similar al que describimos a continuación.

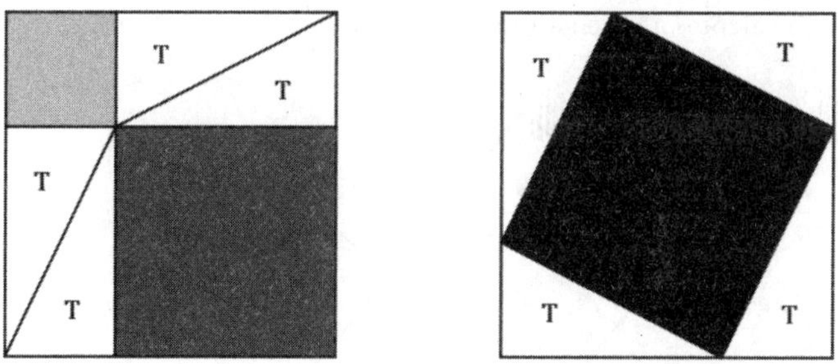

(a) (b)

Los cuadrados (a) y (b) de la figura precedente tienen la misma área dado que sus lados tienen la misma longitud.

El cuadrado (a) se compone de cuatro triángulos rectángulos iguales (T) y dos cuadrados grises. La longitud del lado del cuadrado menor coincide con la del cateto menor de cualquiera de los triángulos T. La longitud del lado del cuadrado mayor coincide con la del cateto mayor de cualquiera de los triángulos T.

El cuadrado (b) está compuesto por cuatro triángulos rectángulos iguales (T) y un cuadrado negro cuyo lado tiene la misma longitud que la hipotenusa de cualquiera de los triángulos T.

Con esto, si del cuadrado (a) suprimimos los cuatro triángulos T y del cuadrado (b) eliminamos los cuatro triángulos T, entonces el área del cuadrado negro es igual a la suma de las áreas de los cuadrados grises.

En otras palabras:

El cuadrado sobre la hipotenusa del triángulo rectángulo T es equivalente a los cuadrados construidos sobre sus catetos.

SEGUNDA DEMOSTRACIÓN

Thomas L. Heath[8] sostiene que Pitágoras estuvo en condiciones de demostrar el teorema del cuadrado sobre la hipotenusa haciendo uso de la teoría de la proporción.

Dicha demostración se pudo desarrollar de forma similar a la que exponemos en las líneas que siguen y se basa en la división del cuadrado construido sobre la hipotenusa en dos rectángulos equivalentes a los cuadrados construidos sobre los catetos.

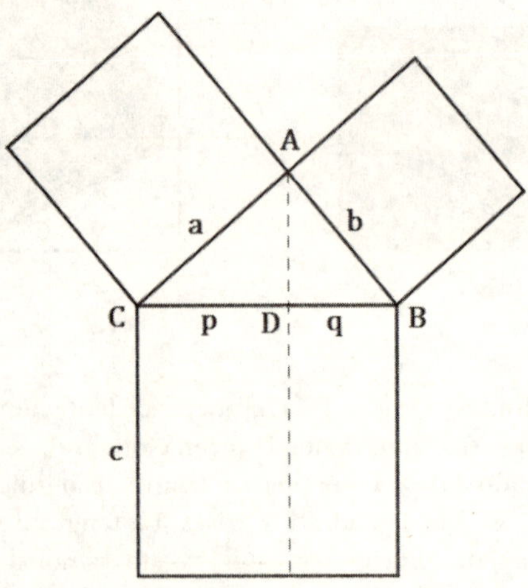

8 *The thirteen books of Euclid's Elements*, vol. 1, p. 354.

Los triángulos rectángulos ACD y ACB son semejantes.
Entonces:

$$\frac{AC}{CD} = \frac{BC}{AC} \Rightarrow \frac{a}{p} = \frac{c}{a} \Rightarrow a^2 = pc$$

Los triángulos rectángulos ABD y ABC son semejantes.
Entonces:

$$\frac{AB}{BD} = \frac{BC}{AB} \Rightarrow \frac{b}{q} = \frac{c}{b} \Rightarrow b^2 = qc$$

Por tanto:

$$a^2 + b^2 = pc + qc = (p + q)\ c = c^2$$

3. Dos demostraciones del *Chou Pei Suan Ching*

El tratado más antiguo de contenido matemático que nos han dejado los chinos y que se ha conservado hasta nuestros días es el *Chou Pei Suan Ching* (Libro Sagrado de Aritmética). Se desconoce el autor de esta obra así como la fecha en la que pudo ser escrita. Sin embargo, los especialistas suelen fijar como fecha probable el año 300 a. C.

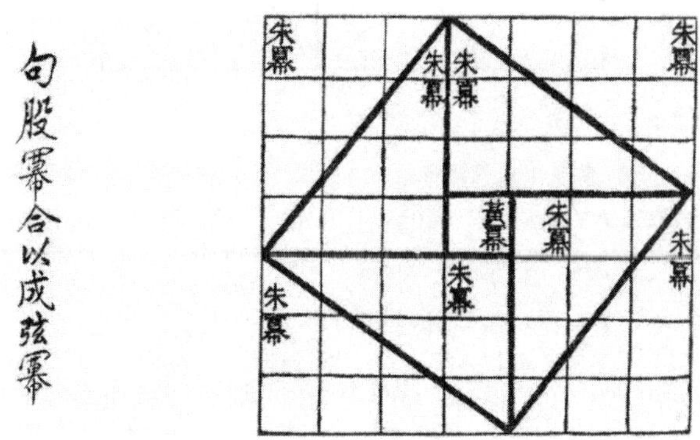

El *Chou Pei* contiene una demostración del teorema de Pitágoras, particularizada a un triángulo rectángulo de catetos 3 y 4 que se desarrolla en los siguientes términos:

Del cuadrado mayor, de lado 3 + 4 = 7, se suprimen los cuatro triángulos rectángulos de las esquinas, cuyas áreas equivalen a las de dos rectángulos de dimensiones 3 y 4. Lo que sobra ($49 - 24 = 25 = 5^2$) es el área de un cuadrado de lado 5.

El razonamiento utilizado se puede generalizar de forma inmediata al caso en que el lado del cuadrado grande es igual a a + b.

Veamos.

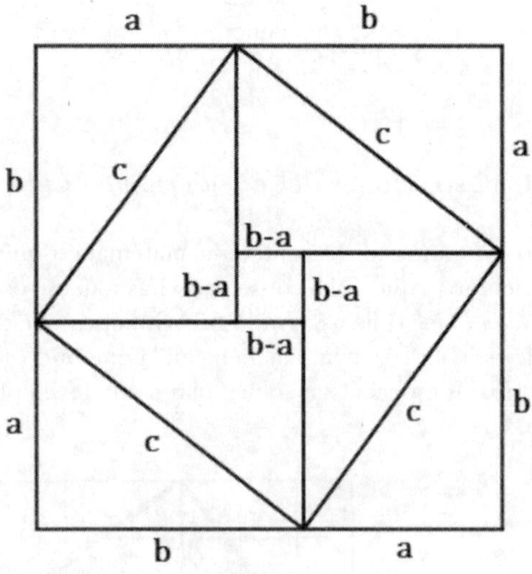

Siguiendo el mismo método que en el caso particular, resulta que:

$$c^2 = (a + b)^2 - 2ab = a^2 + b^2 + 2ab - 2ab = a^2 + b^2$$

Además, según B. L. van der Waerden[9], el diagrama del *Chou Pei* sugiere una nueva demostración del teorema de Pitágoras.

9 *Geometry and algebra in ancient civilizations*, p. 28.

En efecto:

$$c^2 = (b - a)^2 + 2ab = b^2 - 2ab + a^2 + 2ab = a^2 + b^2$$

4. Una demostración china

El *Jiuzhang suanshu* («Aritmética en nueve capítulos») es un texto matemático chino, probablemente del primer siglo después de Cristo. El capítulo 9, que se consagra a los triángulos rectángulos, contiene 24 problemas con los algoritmos para sus soluciones.

El teorema de Pitágoras se introduce de forma algorítmica en las tres formas siguientes (obviamente equivalentes):

- Multiplica el cateto menor y el cateto mayor cada uno por sí mismo, suma y extrae la raíz cuadrada. Esto es la hipotenusa.
- Multiplica el cateto mayor por sí mismo. Réstalo del producto de la hipotenusa por sí misma. Extrae la raíz cuadrada de la diferencia. Esto es el cateto menor.
- Multiplica el cateto menor por sí mismo. Réstalo del producto de la hipotenusa por sí misma. Extrae la raíz cuadrada de la diferencia. Esto es el cateto mayor.

Liu Hui

El matemático chino Liu Hui (ca. 220-ca. 280) en su comentario al *Jiuzhang suanshu* da una explicación de la primera regla en la que sugiere la descomposición del cuadrado sobre el cateto menor (cuadrado rojo) y del cuadrado sobre el cateto mayor (cuadrado azul) en determinadas piezas que permiten construir el cuadrado sobre la hipotenusa.

El diagrama necesario para comprender la descripción de Liu Hui se ha perdido. Sin embargo, el historiador J. C. Martzloff[10] propone como una posible descomposición la que se detalla en el diagrama siguiente.

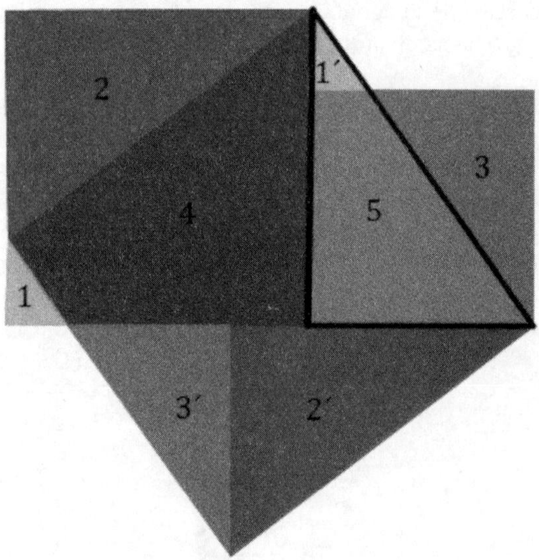

El cuadrado rojo (cuadrado sobre el cateto menor) está formado por un triángulo rectángulo [3] y un trapecio rectángulo [5].

El cuadrado azul (cuadrado sobre el cateto mayor) está compuesto por dos triángulos rectángulos [1] y [2], y un cuadrilátero [4].

10 *Histoire des Mathématiques Chinoises*, pp. 283-284.

A partir de estas cinco piezas, desplazando [1] a [1´], [2] a [2´] y [3] a [3´], se obtiene el cuadrado sobre la hipotenusa.

5. Generalización del teorema de Pitágoras: demostración de Pappus

Pappus de Alejandría fue un matemático griego que vivió a finales del siglo III y a principios del IV. En su obra *Colección matemática* ofrece una generalización del teorema de Pitágoras.

Sea ABC un triángulo cualquiera. Sobre AB se construye un paralelogramo ABFG y sobre el lado BC se construye otro paralelogramo BCDE.

Se prolongan GF y DE hasta que se cortan en el punto H y se dibuja el segmento rectilíneo HB.

Por último, se trazan AI y KC paralelas a HB[11].

En esta situación se tiene que el área del paralelogramo AIKC es igual a la suma de las áreas de los paralelogramos ABFG y BCDE.

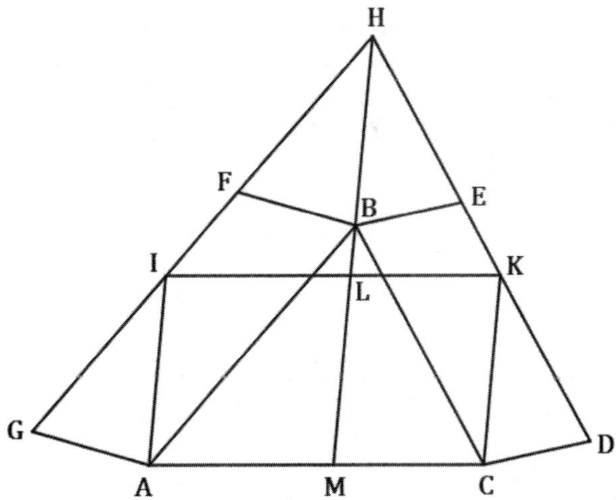

11 Al ser AI, HB y KC segmentos de paralelas comprendidos entre paralelas, resulta claro que AI = HB = KC.

En efecto.

Los paralelogramos ABFG y ABHI son equivalentes dado que tienen la misma base y la misma altura.

Además, los paralelogramos ABHI y AMLI son equivalentes al tener la misma base y la misma altura.

En consecuencia:

$$\text{Área}_{ABFG} = \text{Área}_{AMLI} \quad [1]$$

De forma similar, los paralelogramos BCDE y BCKH son equivalentes y los paralelogramos BCKH y CKLM también.

Consecuentemente:

$$\text{Área}_{BCDE} = \text{Área}_{CKLM} \quad [2]$$

Sumando miembro a miembro las igualdades [1] y [2] resulta que:

$$\text{Área}_{ABFG} + \text{Área}_{BCDE} = \text{Área}_{AMLI} + \text{Área}_{CKLM} = \text{Área}_{ACKI}$$

Si se particulariza el teorema anterior al caso en que el triángulo ABC es rectángulo y los paralelogramos construidos sobre los catetos son cuadrados, entonces se puede desarrollar una demostración del teorema de Pitágoras en los siguientes términos.

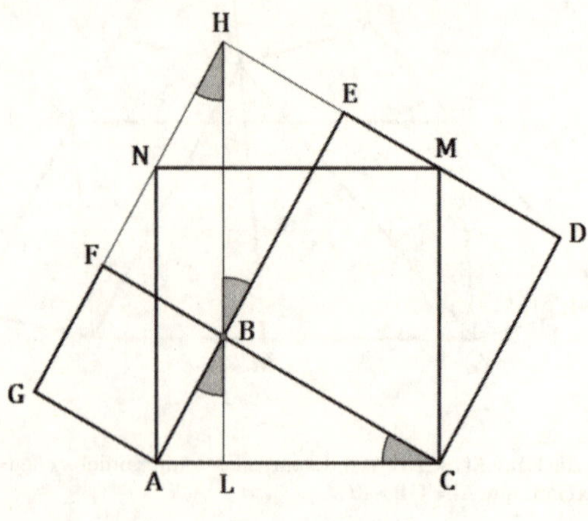

Sea ABC un triángulo rectángulo y ABFG, BCDE los cuadrados construidos sobre sus catetos.

Sea H el punto de intersección de las prolongaciones de los lados GF y DE.

Sea L el punto de intersección de la prolongación de HB con la hipotenusa AC.

Tracemos AN y CM paralelamente a HB[12].

En virtud del teorema de Pappus resulta que el área de ACMN es igual a la suma de las áreas de los cuadrados ABFG y BCDE.

Para completar la demostración del teorema de Pitágoras sólo resta probar que el paralelogramo ACMN es un cuadrado.

En efecto.

$$\left.\begin{array}{c} AB = FB \\ BC = BE = FH \\ FH \perp FB \end{array}\right\} \Rightarrow \Delta FBH = \Delta ABC \Rightarrow \left\{\begin{array}{c} \angle FHB = \angle ACB \\ HB = AC \end{array}\right.$$

$\angle FHB = \angle HBE$ (alternos internos)
$\angle HBE = \angle ABL$ (opuestos por el vértice)

Es decir:

$$\angle ABL = \angle FHB = \angle ACB \Rightarrow \Delta ABL \sim \Delta ABC \Rightarrow \angle BLA = 90^\circ \Rightarrow HL \perp AC \Rightarrow$$

$$\Rightarrow \left\{\begin{array}{l} AN \perp AC \\ MC \perp AC \end{array}\right. \qquad [3]$$

Además:

$$\left.\begin{array}{c} AN = HB = MC \\ HB = AC \end{array}\right\} \Rightarrow AN = MC = AC \qquad [4]$$

A partir de los resultados [3] y [4] es claro que el cuadrilátero ACMN es un cuadrado.

Con esto queda demostrado el teorema de Pitágoras.

12 Resulta claro que AN = HB = MC al ser segmentos de paralelas comprendidos entre paralelas.

6. Una bellísima demostración árabe

Thabit ibn Qurra

El erudito Thabit ibn Qurra nació en Harram (Mesopotamia) en una fecha comprendida entre los años 824 y 836.

En dicha ciudad se dedicó al comercio, pero sus ideas religiosas y su filosofía neo-platónica le crearon enemistades con sus paisanos que le obligaron a dejar Harran y a instalarse en Bagdad, invitado por Mohamen ben Musa ben Sakir.

Thabit escribió sobre medicina, filosofía, matemáticas, astronomía y astrología. Además tradujo al árabe muchas obras de los matemáticos griegos más notables (Euclides, Arquímedes, Apolonio, etc.).

Entre sus aportaciones matemáticas más significativas destacan un teorema sobre números amigos [dos números se llaman *amigos* si cada uno de ellos es igual a la suma de los divisores propios del otro; p.e.: 220 y 284 son números amigos] y una demostración del teorema de Pitágoras que pasamos a describir.

Sea ABC el triángulo rectángulo en A.

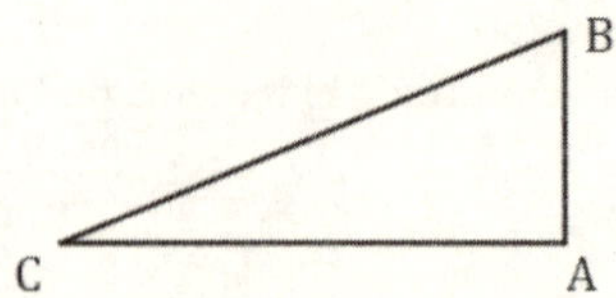

Sobre el cateto menor AB se construye el cuadrado ABDE.

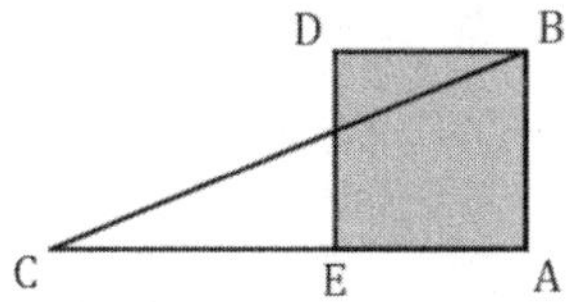

Se prolonga el cateto mayor AC hasta el punto F, de modo que FC sea igual a AB. Acto seguido se construye el cuadrado EFGH cuyo lado es igual al cateto AC.

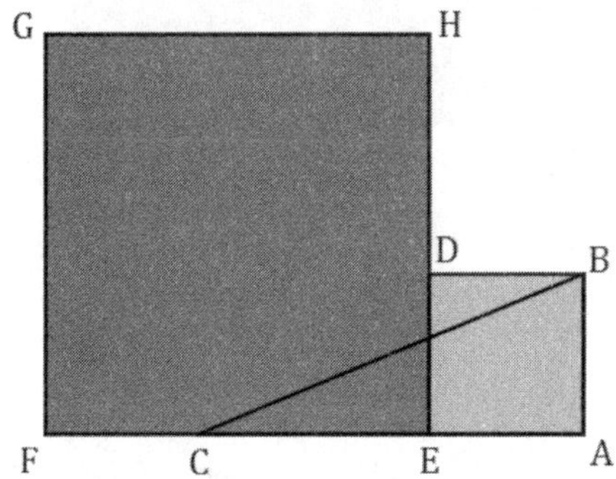

Se prolonga el lado EH hasta el punto K, de forma que KH sea igual a AB.

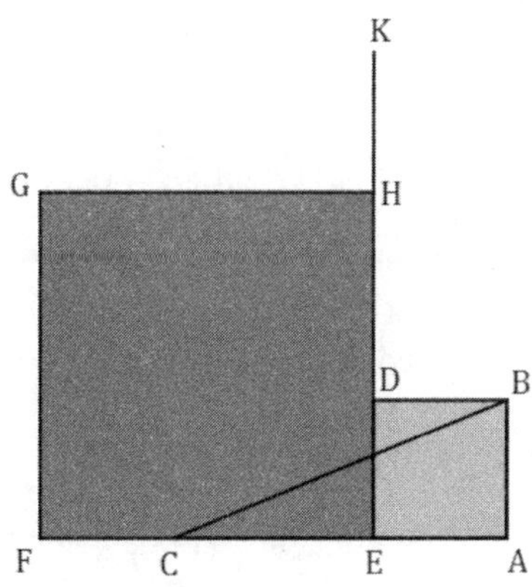

Con esto, los triángulos rectángulos ABC, CFG, KHG y BDK son iguales.

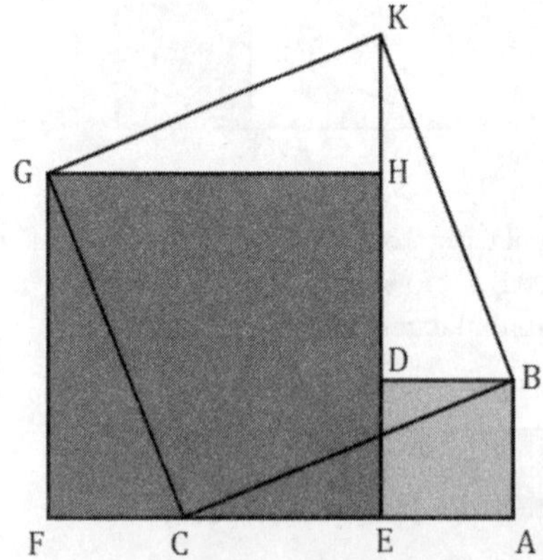

Por tanto, los lados BC, CG, GK y KB son iguales.

Además, los ángulos ∠BCG, ∠CGK, ∠GKB y ∠KBC son rectos.

$$\angle BCG = 180° - (\angle BCA + \angle GCF) = 180° - 90° = 90°$$
$$\angle CGK = \angle CGH + \angle HGK = \angle CGH + \angle FGC = 90°$$
$$\angle GKB = \angle GKH + \angle DKB = 90°$$
$$\angle KBC = \angle KBD + \angle DBC = \angle KBD + \angle BCA = 90°$$

En resumen, el cuadrilátero BCGK es un cuadrado (el cuadrado sobre la hipotenusa BC del triángulo rectángulo ABC).

Entonces, la unión del pentágono GHDBC y los triángulos rectángulos GKH y KDB es el cuadrado BCGK (cuadrado sobre la hipotenusa BC del triángulo rectángulo ABC).

Por otro lado, unión del pentágono GHDBC y los triángulos rectángulos ABC y FCG da lugar a la suma de los cuadrados ABDE y EHGF construidos sobre los catetos del triángulo rectángulo ABC.

Con esto queda demostrado el teorema de Pitágoras.

La demostración de Thabit ibn Qurra sugiere el diseño de un rompecabezas formado por tres piezas (dos triángulos rectángulos iguales [1 y 2] y un pentágono cóncavo [3]) que se puede utilizar tanto con alumnos de los niveles no universitarios como con estudiantes universitarios que vayan a dedicarse a la enseñanza de las Matemáticas.

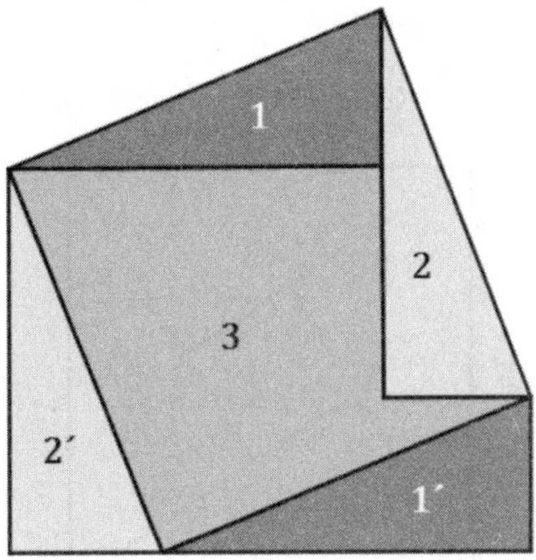

Con las tres piezas del rompecabezas se construye el cuadrado sobre la hipotenusa del triángulo rectángulo. Desplazando la pieza 1 a la posición 1´ y la pieza 2 a la posición 2´ se obtiene la suma de los cuadrados construidos sobre los catetos del triángulo rectángulo. ¡Teorema de Pitágoras!

7. Demostraciones de Bhaskara

Bhaskara, al que también se conoce como Bhaskara II o como Bhaskaracharya [«Bhaskara el sabio» o «Bhaskara el maestro»] nació en Vijayapura (India) en el seno de una familia de astrólogos. Bhaskara siguió esta tradición familiar pero con una orientación científica fundamentada en sus conocimientos matemáticos y astronómicos.

En 1150 escribió la obra *Siddhanta Siromani,* dividida en cuatro partes: la primera de ellas, *Lilavati,* se dedicaba a temas de aritmética elemental y geometría práctica; la segunda, *Bijaganita,* era un tratado de álgebra.

En el *Bijaganita* se «demuestra» el teorema de Pitágoras del modo siguiente:

> *El doble del producto del bhuja y el koti* [= los catetos del triángulo rectángulo] *combinado con el cuadrado de su diferencia es igual a la suma de sus cuadrados.*

Los comentaristas Krsna y Ganesa aclaran esta descripción.

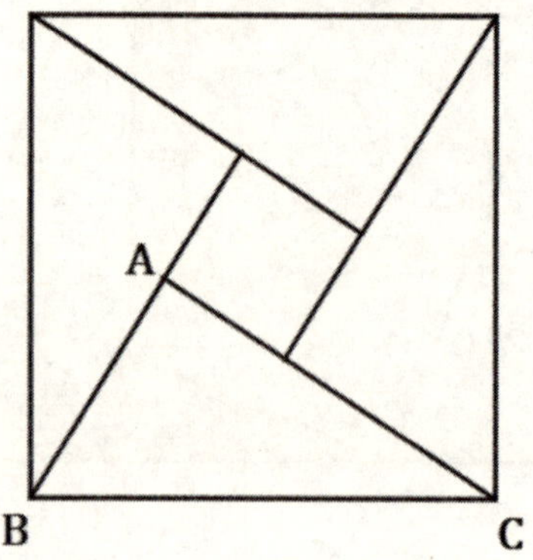

Sea ABC un triángulo rectángulo cualquiera.

Se colocan cuatro triángulos rectángulos iguales a él de modo que formen un cuadrado cuyo lado es la hipotenusa de ABC (véase el diagrama anterior).

Entonces, en el centro de dicho cuadrado aparece un cuadrado cuyo lado es la diferencia de los catetos [*bhuja* – *koti*] de ABC.

En consecuencia:

Área del cuadrado mayor = $(bhuja - koti)^2 + 2\ (bhuja \times koti) = bhuja^2 + koti^2$

Los antedichos comentaristas también ofrecen una segunda demostración de Bhaskara del «teorema del cuadrado sobre la hipotenusa»[13]

13 Dicha demostración fue redescubierta por Wallis en el siglo XVII y es análoga a una de las que hemos ofrecido en el apartado «Demostraciones atribuidas a Pitágoras».

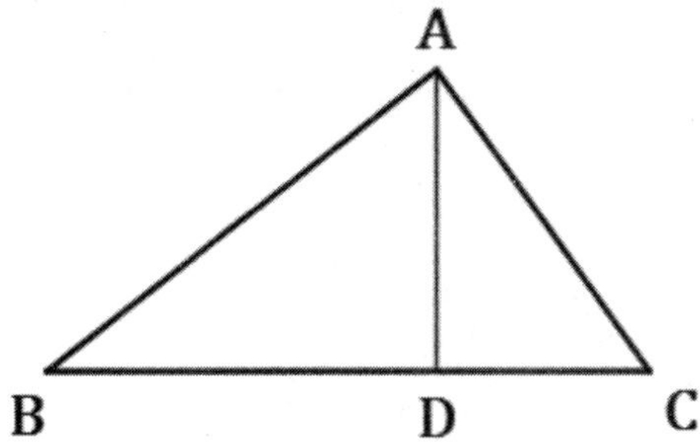

Sea ABC un triángulo rectángulo en A y AD la altura relativa a la hipotenusa.

En esta situación, los triángulos rectángulo ABC, ADB y ADC son semejantes.

Luego:

$$ABD \sim ABC \Rightarrow \frac{AB}{BC} = \frac{BD}{AB} \Rightarrow BD = \frac{AB^2}{BC}$$

$$ADC \sim ABC \Rightarrow DC = \frac{AC^2}{BC}$$

Por tanto:

$$BC = BD + DC = \frac{AB^2}{BC} + \frac{AC^2}{BC} \Rightarrow BC^2 = AB^2 + AC^2$$

8. La enigmática sonrisa de la Gioconda

Atendiendo al testimonio de Thomas L. Heath[14], la siguiente demostración del «teorema del cuadrado sobre la hipotenusa» se debe a Leonardo da Vinci (1452-1519).

14 *The thirteen books of Euclid's Elements* (Vol. 1, pp. 365-366).

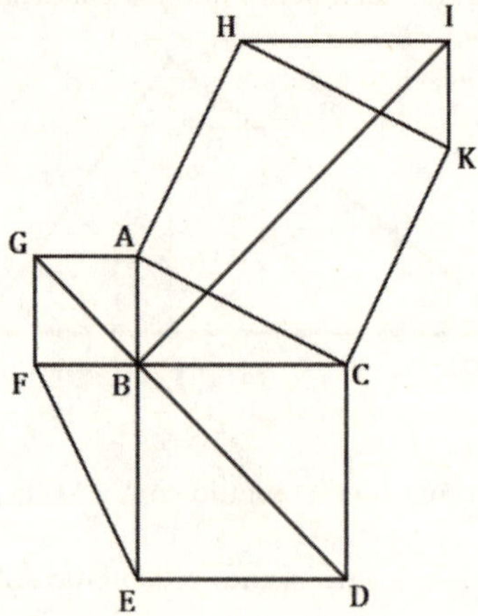

En la figura precedente, ABC es un triángulo rectángulo; BCDE, GABF y HKCA son los cuadrados construidos sobre sus catetos y su hipotenusa, respectivamente; FBE y KIH son dos triángulos rectángulos iguales al ABC.

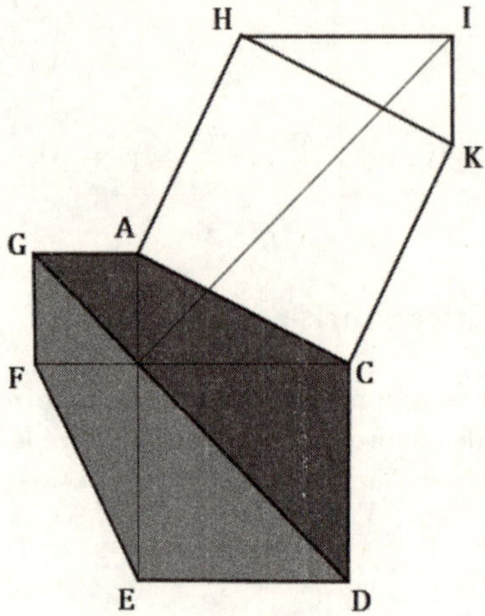

Puede demostrarse fácilmente que los cuadriláteros GACD y GFED (véase la figura anterior) son iguales.

Por otro lado, los cuadriláteros BAHI e IKCB, iguales entre sí, también son iguales a los cuadriláteros GACD y GFED de la figura anterior.

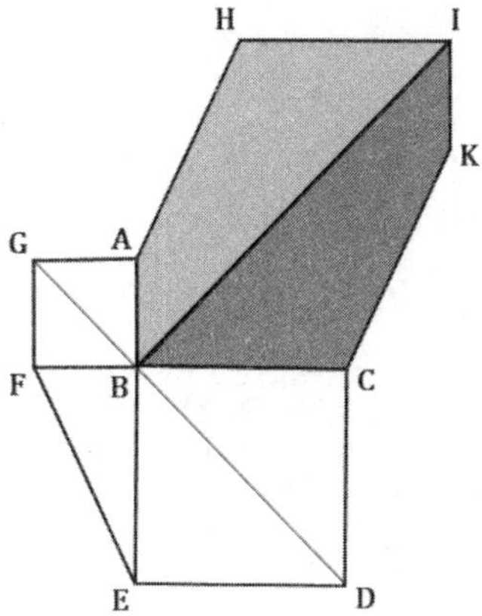

En consecuencia, los hexágonos ACDEFG y AHIKCB tienen la misma área.

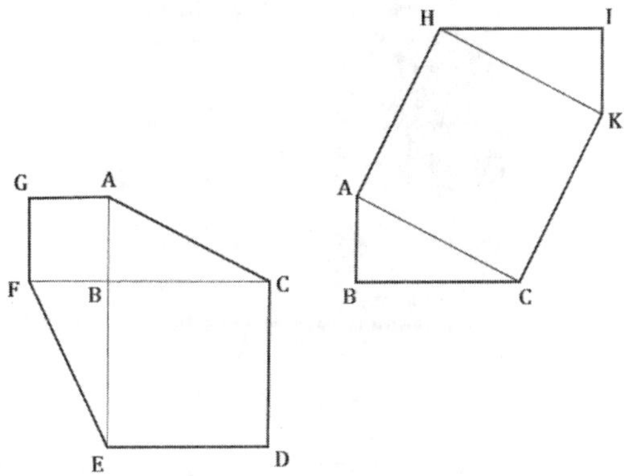

Por tanto, eliminado las partes comunes de los dos hexágonos (a saber: los triángulos rectángulos ABC, FBE y KIH), resulta que el cuadrado construido sobre la hipotenusa (AHKC) es equivalente a la suma de los cuadrados construidos sobre los catetos (ABFG y BCDE).

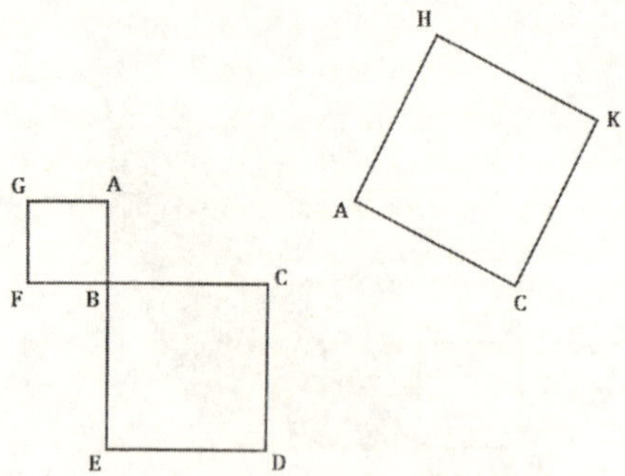

9. Pitágoras en la tierra de los tulipanes

Crhistian Huygens

Aunque el científico holandés Crhristian Huygens (1629-1695) es conocido como uno de los físicos más notables del mundo, especialmente en relación con el estudio del movimiento del péndulo, la invención del reloj de péndulo (*Horologium Oscillato-*

rium sive motu pendulorum) y la teoría de la luz (*Traité de la lumiere*), debería ocupar un lugar privilegiado entre aquellos que contribuyeron al desarrollo de la geometría analítica y dieron a conocer la potencia del cálculo.

Introdujo la noción de evoluta e involuta de una curva, rectificó la cisoide, investigó la forma y propiedades de la catenaria, escribió sobre la curva logarítmica, publicó el primer libro sobre el cálculo de probabilidades (*De Ratiociniis in Ludo Aleae*), demostró que la cicloide es una curva tautócrona[15], y contribuyó de forma brillante a la aplicación de las Matemáticas a la Física.

En las líneas que siguen ofrecemos una adaptación de la demostración que hizo Huygens del teorema de Pitágoras allá por el año 1657.

Sea ABC un triángulo rectángulo cualquiera, ACIH el cuadrado sobre su hipotenusa y BCDE y ABFG los cuadrados sobre sus catetos.

Sobre la prolongación de DC se toma el punto K de modo que CK = CD.

Sobre la prolongación de GA se toma el punto L de modo que AL = AG.

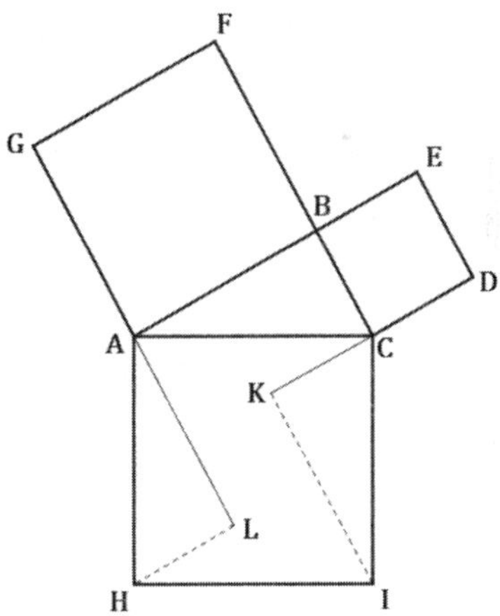

15 Sobre un arco de una cicloide invertida, un objeto abandonado a su propio peso (en ausencia de rozamiento) desliza desde cualquier punto al punto más bajo en el mismo tiempo, sea cual fuere el punto de partida.

En esta situación se tiene que:

$$\angle BAC = \angle ACK \text{ (alternos internos)}$$
$$\angle LAC = \angle BCA \text{ (alternos internos)}$$

Entonces:

$$\angle BAC + \angle CAL = \angle CAL + \angle LAH = 90^\circ \Rightarrow \angle BAC = \angle LAH$$
$$\angle BCA + \angle ACK = \angle ACK + \angle KCI = 90^\circ \Rightarrow \angle BCA = \angle KCI$$

Por tanto, los triángulos ALH y ABC son iguales (al tener dos lados iguales e igual el ángulo comprendido) y los triángulos CKI y ABC también (por la misma razón). En consecuencia, los triángulos ALH y CKI son iguales. De donde, CK = LH.

A partir de aquí, resulta claro que los triángulos ACK y HLI son iguales.

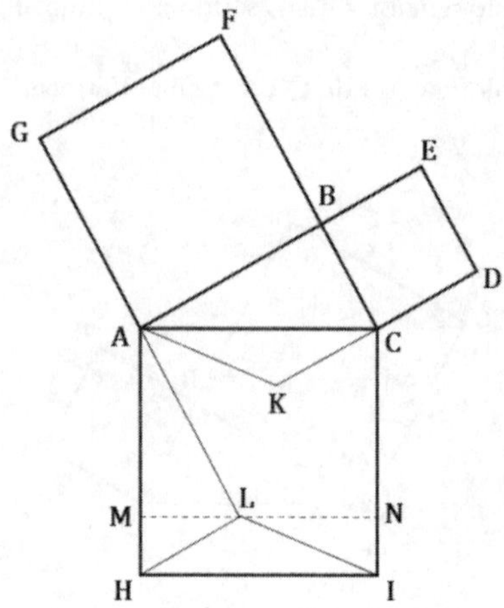

Entonces, como:

2(triángulo ACK) = cuadrado BEDC
2(triángulo HLI) = rectángulo MNIH,

resulta que:

cuadrado BEDC = rectángulo MNIH [1]

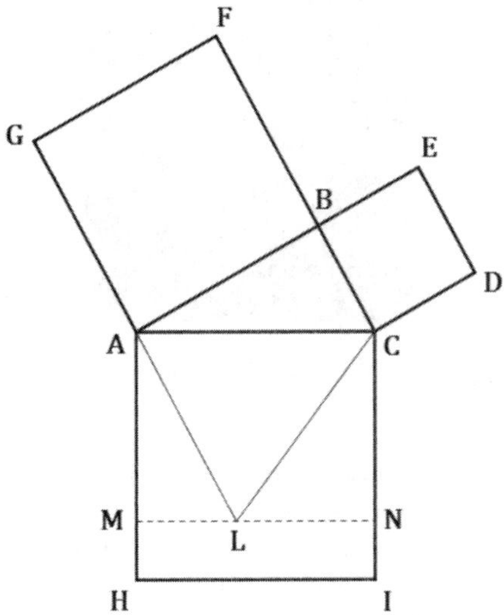

Además:

2(triángulo ACL) = cuadrado GFBA
2(triángulo ACL) = rectángulo ACNM

Por tanto:

cuadrado GFBA = rectángulo ACNM [2]

A partir de [1] y [2] resulta que:

cuadrado ACIH = rectángulo MNIH + rectángulo ACNM = cuadrado BEDC + cuadrado GFBA

10. Demostraciones de Thomas Simpson

Thomas Simpson

El inglés Thomas Simpson (1710-1761) es conocido en el mundo de las Matemáticas por sus contribuciones a los métodos numéricos de integración. Fue miembro de la Royale Society y de la Real Academia Sueca de Ciencias. También escribió sobre cálculo diferencial (*New Treatise of Fluxions*, 1737) y probabilidad (*The Nature and Laws of Chance*, 1740). En el campo de la educación matemática, sus textos sobre álgebra, geometría y trigonometría se editaron profusamente durante el siglo XVIII.

De su manual de geometría (*Elements of Geometry*, 1760) hemos rescatado dos demostraciones del teorema de Pitágoras.

PRIMERA DEMOSTRACIÓN

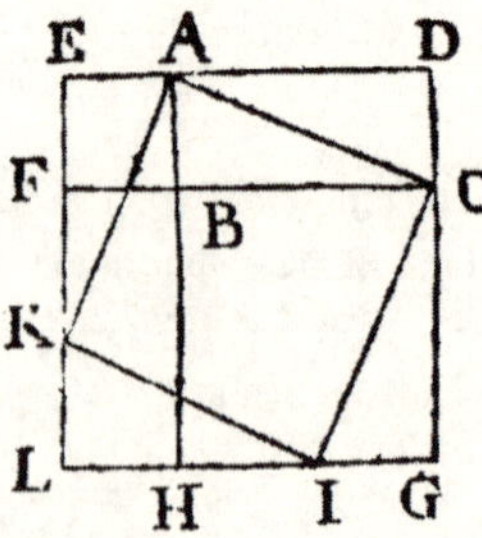

Prolónguense los lados de los cuadrados BE y BG[16] hasta que se corten en L y D.

Tómense KL e IG iguales a AE (o AB) y dibújense CI, IK, KA y AC.

Dado que ABH y FBC[17] son iguales, entonces EL, DG, ED y LG también son iguales entre sí y, por tanto, al ser los ángulos E, D, G y L rectos[18], EDGL será un cuadrado. Por consiguiente, ACIK también será un cuadrado.

Entonces, si del cuadrado DL[19] se quitan los cuatro triángulos iguales ADC, CGI, ILK y KEA quedará el cuadrado AI [20]. Por otro lado, si del cuadrado DL se quitan los dos paralelogramos DB y BL[21] (que son equivalentes a los antedichos cuatro triángulos, porque DB = a dos de ellos), entonces quedarán los dos cuadrados BE y BG.

Por consiguiente, el cuadrado AI es equivalente a los dos cuadrados BE y BG.

SEGUNDA DEMOSTRACIÓN

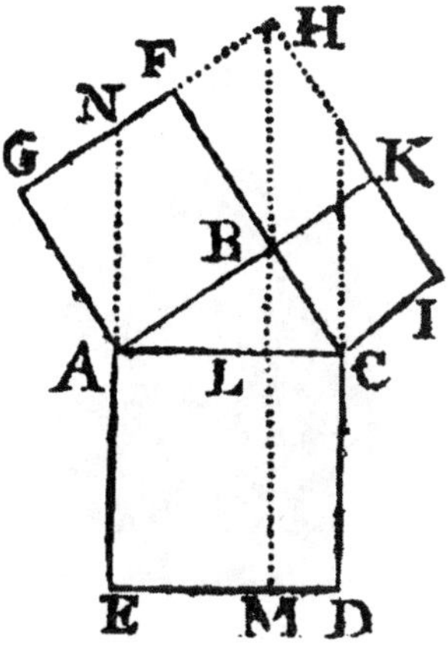

16 Los cuadrados BE y BG son, respectivamente, los BAEF y BCGH.

17 En nuestro lenguaje, ABH y FBC son los segmentos rectilíneos AH y FC, respectivamente.

18 Los ángulos E, D, G y L son, respectivamente, los ángulos ∠LED, ∠EDG, ∠DGL y ∠GLE.

19 El cuadrado DL es el cuadrado DGLE.

20 El cuadrado AI es el cuadrado ACIK.

21 Los paralelogramos DB y BL son los rectángulos BADC y BHLF, respectivamente.

Sea AD[22] el cuadrado sobre la hipotenusa AC, y BG, BI[23] los dos cuadrados sobre los lados AB y BC.

Sea MBH paralela a AE que corta a la prolongación de GF en H.

Prolónguese EA hasta que corte a GH en N.

Si de los ángulos iguales GAB y CAN se quita el ángulo común NAB, resulta que los ángulos NAG y BAC son iguales.

Como el ángulo G[24] es igual al ABC y los lados AG y AB son iguales, entonces los lados AN y AC (= AE) son iguales.

En consecuencia, el paralelogramo AM[25] es equivalente al paralelogramo AH[26].

Como el paralelogramo AH es equivalente al cuadrado BG[27] que descansa sobre la misma base y está comprendido entre las mismas paralelas, resulta que el cuadrado BG es equivalente al paralelogramo AM.

De modo similar, el paralelogramo CM[28] es equivalente al cuadrado BI[29].

En consecuencia, el cuadrado AD (= AM + CM) es equivalente a la suma de los cuadrados BG y BI.

11. Demostración de Juan Cortázar

Juan Cortázar

22 El cuadrado AD es el cuadrado ACDE.
23 Los cuadrados BG y BI son, respectivamente, los cuadrados BAGF y BKIC.
24 El ángulo G es el ángulo recto ∠AGF.
25 El paralelogramo AM es el rectángulo ALME.
26 El paralelogramo AH es el paralelogramo ANHB.
27 El cuadrado BG es el cuadrado BAGF.
28 El paralelogramo CM es el rectángulo CLMD
29 El cuadrado BI es el cuadrado BKIC.

Juan Cortázar nació en Bilbao el 8 de junio de 1809. Estudió en el colegio de franciscanos y en el colegio de Santiago de la capital vasca y fue profesor de este último centro educativo desde 1827 hasta 1834, año en que ingresó en la Escuela de Ingenieros de Madrid. Pensionado por el gobierno español, estudió durante tres años en la Escuela Central de Artes y Manufacturas de París, donde obtuvo el título de ingeniero. Fue catedrático de Matemáticas Elementales de la Universidad Central y de Álgebra Superior y Geometría Analítica de la Facultad de Ciencias. En 1857 fue propuesto como académico de la Real Academia de Ciencias Exactas, Físicas y Naturales pero renunció al cargo por motivos de salud.

Durante los últimos años de su vida fue director de la Academia Preparatoria para Carreras Especiales de Madrid, tal como se indica en el Reglamento de dicha institución (1870). Juan Cortázar murió en 1873.

La siguiente demostración del teorema de Pitágoras está contenida en su *Tratado de geometría elemental* (3ª edición, 1850).

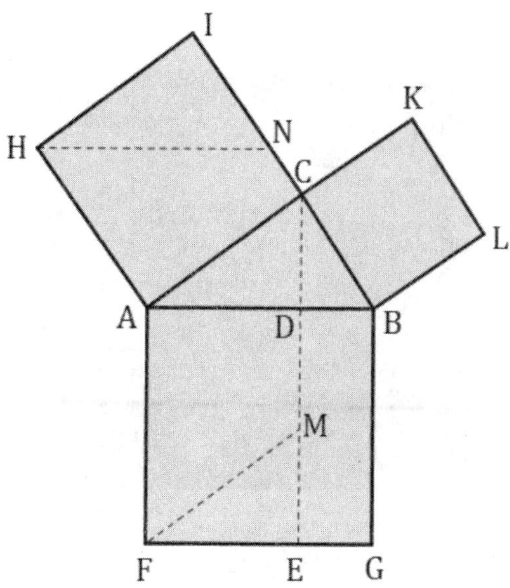

Sea ABC el triángulo rectángulo en C; construyo sobre sus tres lados tres cuadrados AG, AI, BK y digo que AG es equivalente a la suma AI + BK [30].

Desde el vértice del ángulo recto bajo la perpendicular CD a la hipotenusa, y la prolongo hasta que encuentre en E al lado FG; y tiro las rectas FM y HN paralelas a las AC y AB.

Los paralelogramos CAFM y BAHN son iguales, pues los lados CA y AF del primero son iguales a los AH y AB del segundo, y los ángulos comprendidos CAF y BAH son iguales, por estar ambos compuestos de un ángulo recto y del ángulo BAC. El paralelogramo BAHN es equivalente al cuadrado ACIH, por tener los dos la misma base AH e igual altura. El paralelogramo CAFM es también equivalente al rectángulo ADEF, por tener los dos la misma base AF e igual altura; y pues los dos paralelogramos BAHN y CAFM son iguales, el cuadrado ACIH y el rectángulo AFED son equivalentes. Del mismo modo se demuestra que el cuadrado BCKL es equivalente al rectángulo BDEG. Luego el cuadrado ABGF es equivalente a la suma de los cuadrados ACIH y BCKL.

12. Garfield for president

J. A. Garfield

30 Los cuadrados AG, AI y BK son, respectivamente, los cuadrados ABGF, ACIH y BLKC.

James Abram Garfield (1831-1881), vigésimo presidente de los Estados Unidos de América, además de su habilidad política gozó de una cierta pericia para las Matemáticas. Suya es la siguiente demostración del teorema de Pitágoras [31].

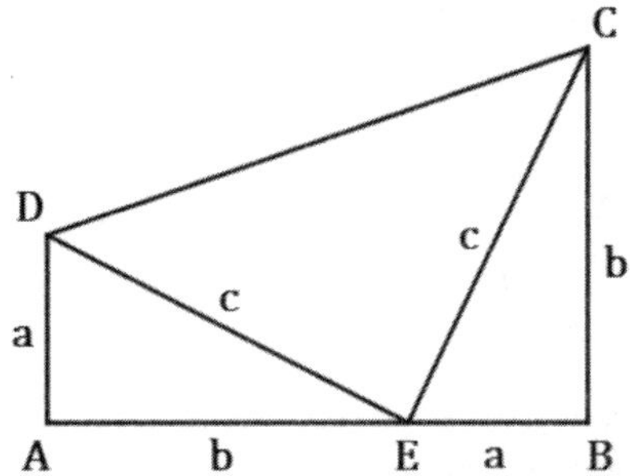

El trapecio rectángulo ABCD de la figura anterior está compuesto por dos triángulos rectángulos iguales AED y EBC y un triángulo rectángulo isósceles DEC.

Entonces, el área de dicho trapecio se puede calcular de las dos formas siguientes:

$$\text{Área}_{\text{trapecio}} = \frac{a + b}{2}(a + b) = \frac{(a + b)^2}{2} = \frac{1}{2}(a^2 + b^2 + 2ab)$$

$$\text{Área}_{\text{trapecio}} = \frac{1}{2}ab + \frac{1}{2}ab + \frac{1}{2}c^2 = \frac{1}{2}(c^2 + 2ab)$$

Por tanto:

$$\frac{1}{2}(a^2 + b^2 + 2ab) = \frac{1}{2}(c^2 + 2ab) \Rightarrow a^2 + b^2 + 2ab = c^2 + 2ab \Rightarrow c^2 = a^2 + b^2$$

Es decir:

El cuadrado construido sobre la hipotenusa del triángulo rectángulo de lados a, b y c, es equivalente a los cuadrados construidos sobre sus catetos.

---

31 Esta demostración fue descubierta por Garfield en 1876 y publicada en el *New England Journal of Education.*

Referencias bibliográficas

ALLMAN, G. J. (1976). *Greek geometry from Thales to Euclid.* New York: Arno Press.

BOLTIANSKI, V. G. (1981). *Figuras equivalentes y equicompuestas.* Moscú: Editorial Mir.

CAJORI, F. (1980). *A history of Mathematics.* New York: Chelsea Publishing Company.

COXETER, H. S. M. (1988). *Fundamentos de geometría.* México: Editorial Limusa, S. A.

EVES, H. (1983). *An introduction to the history of Mathematics.* New York: Saunders College Publishing.

GARCÍA BACCA, J.D. (s.a.). *Textos clásicos para la historia de las ciencias.* Universidad Central de Venezuela. Facultad de Humanidades y Educación.

HEATH, T. L. (1956). *The thirteen books of Euclid's Elements* (tres volúmenes). New York: Dover.

HEATH, T. L. (1981). *A history of greek mathematics* (dos volúmenes). New York: Dover.

MARTZLOFF, J.C. (1988). *Histoire des Mathématiques Chinoises.* París: Masson

MEAVILLA, V. (2001). *Aspectos históricos de las Matemáticas elementales.* Zaragoza: Prensas Universitarias de Zaragoza.

SARASVATI AMMA, T. A. (1979). *Geometry in ancient & medieval India.* Delhi: Motilal Barnarsidass.

VERA, F. (1970). *Científicos griegos* (dos volúmenes). Madrid: Aguilar, S. A. de Ediciones.

WAERDEN, B. L. van der (1983). *Geometry and algebra in ancient civilizations.* Berlín: Springer-Verlag.

Capítulo 4

Algunas estrategias ingeniosas para sumar potencias

El «triángulo aritmético» es una disposición numérica formada por infinitas filas, algunas de las cuales se muestran en el diagrama adjunto.

$$
\begin{array}{ccccccccccccccc}
&&&&&&&1&&&&&&&\\
&&&&&&1&&1&&&&&&\\
&&&&&1&&2&&1&&&&&\\
&&&&1&&3&&3&&1&&&&\\
&&&1&&4&&6&&4&&1&&&\\
&&1&&5&&10&&10&&5&&1&&\\
&1&&6&&15&&20&&15&&6&&1&\\
1&&7&&21&&35&&35&&21&&7&&1\\
\dots&&\dots&&\dots&&\dots&&\dots&&\dots&&\dots&&\dots
\end{array}
$$

Notemos que cada fila empieza y acaba en 1. Además, cada elemento (distinto de 1) es igual a la suma de los dos números de la fila anterior que están a su izquierda y a su derecha. Por ejemplo, el 6 de la quinta fila es igual a 3 + 3.

Advirtamos también que todos los elementos del «triángulo aritmético» se pueden escribir en forma de números combinatorios[1] (véase el esquema adjunto).

1 Sean m y n dos números naturales ($m \geq n$).
El símbolo $\binom{m}{n}$ se llama *número combinatorio* y su valor viene dado por la siguiente igualdad:

$$\binom{m}{n} = \frac{m!}{(m-n)!\,n!} = \frac{m(m-1)\dots(m-n+1)}{n!},$$

$$
\begin{array}{c}
\binom{0}{0} \\
\binom{1}{0} \quad \binom{1}{1} \\
\binom{2}{0} \quad \binom{2}{1} \quad \binom{2}{2} \\
\binom{3}{0} \quad \binom{3}{1} \quad \binom{3}{2} \quad \binom{3}{3} \\
\binom{4}{0} \quad \binom{4}{1} \quad \binom{4}{2} \quad \binom{4}{3} \quad \binom{4}{4} \\
\binom{5}{0} \quad \binom{5}{1} \quad \binom{5}{2} \quad \binom{5}{3} \quad \binom{5}{4} \quad \binom{5}{5} \\
\binom{6}{0} \quad \binom{6}{1} \quad \binom{6}{2} \quad \binom{6}{3} \quad \binom{6}{4} \quad \binom{6}{5} \quad \binom{6}{6} \\
\binom{7}{0} \quad \binom{7}{1} \quad \binom{7}{2} \quad \binom{7}{3} \quad \binom{7}{4} \quad \binom{7}{5} \quad \binom{7}{6} \quad \binom{7}{7} \\
\ldots\ldots\ldots\ldots\ldots\ldots\ldots\ldots\ldots\ldots\ldots\ldots\ldots\ldots
\end{array}
$$

El «triángulo aritmético» fue utilizado por los matemáticos indios y árabes del siglo X, por los investigadores chinos del XIV, por los eruditos medievales de occidente, por Nicolo Fontana («Tartaglia») en el siglo XVI y por Blas Pascal (1623-1662) en el XVII.

Los estudiantes de los niveles no universitarios se refieren a dicho triángulo con los nombres de «triángulo de Tartaglia» y «triángulo de Pascal».

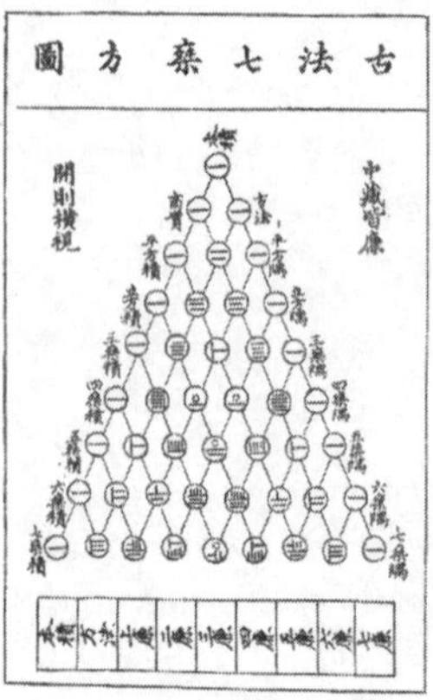

El «triángulo aritmético» en un manual chino de 1303

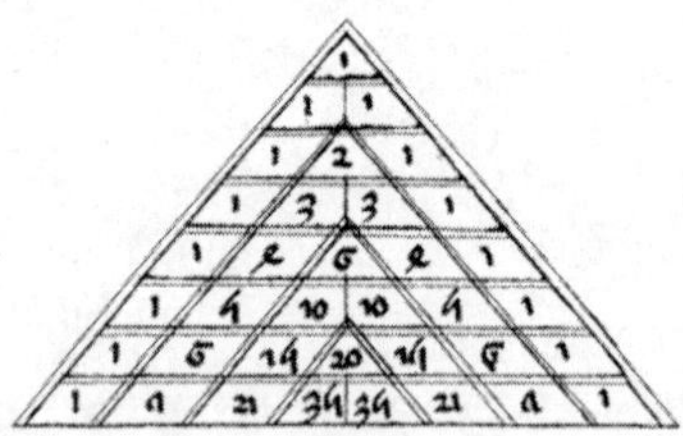

per 1 dato	1	1	1	1	1	1
per 2 dati	1	2	3	4	5	6
per 3 dati	1	3	6	10	15	21
per 4 dati	1	4	10	20	35	56
per 5 dati	1	5	15	35	70	126
per 6 dati	1	6	21	56	126	252
per 7 dati	1	7	28	84	210	462
per 8 dati	1	8	36	120	330	792

El «triángulo aritmético» en una edición de 1407 de la Aritmética *de Jordanus y en un texto de Nicolo Fontana («Tartaglia»)*

---

donde $m! = m \cdot (m-1) \cdot (m-2) \cdot \ldots \cdot 2$.
Así, por ejemplo, $7! = 7 \cdot 6 \cdot 5 \cdot 4 \cdot 3 \cdot 2$.
Por definición, $0! = 1$.

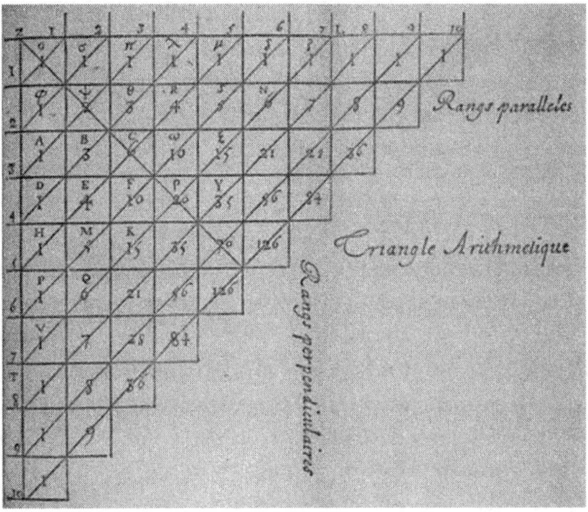

El «triángulo aritmético» en el Traité du triangle arithmétique *(1665) de Pascal*

En los seis primeros parágrafos de este capítulo mostraremos la utilidad del «triángulo de Tartaglia» para deducir las fórmulas que permiten calcular sumas como las siguientes:

$$1 + 2 + 3 + \ldots + n$$

$$1^2 + 2^2 + 3^2 + \ldots + n^2$$

$$1^3 + 2^3 + 3^3 + \ldots + n^3$$

$$1^4 + 2^4 + 3^4 + \ldots + n^4$$

$$\ldots\ \ldots\ \ldots\ \ldots\ \ldots\ \ldots\ .\ .$$

1. Las diagonales del «triángulo de Pascal»

1
1 1
1 2 1
1 3 3 1
1 4 6 4 1
1 5 10 10 5 1
1 6 15 20 15 6 1
1 7 21 35 35 21 7 1
. . . .

La primera diagonal del «triángulo aritmético» (contando de izquierda a derecha) sólo contiene unos.

La segunda (contando de izquierda a derecha y de arriba hacia abajo) está compuesta por los números naturales: 1, 2, 3, 4, 5…

La tercera contiene los números triangulares: 1, 3, 6, 10, 15…

Unos seiscientos años antes del nacimiento de Cristo, el filósofo y matemático Pitágoras, fundador de la escuela pitagórica, fue capaz de intuir interesantes teoremas aritméticos valiéndose de piedras o puntos para representar y clasificar los números.

Así, por ejemplo, los números 1, 3, 6, 10, 15… se llamaron *triangulares* porque se podían representar gráficamente por diagramas en forma de triángulo (véase la figura adjunta).

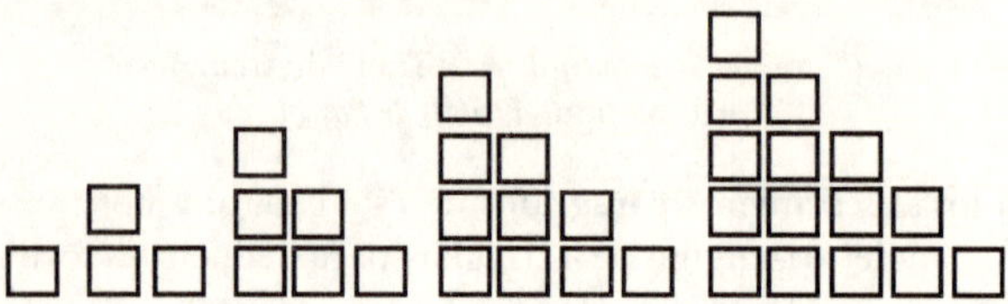

1 3 6 10 15

La cuarta columna está compuesta por los números triángulo-piramidales: 1, 4, 10, 20, 35… que representan el número de bolas amontonadas en una pirámide de base triangular (véase el diagrama adjunto).

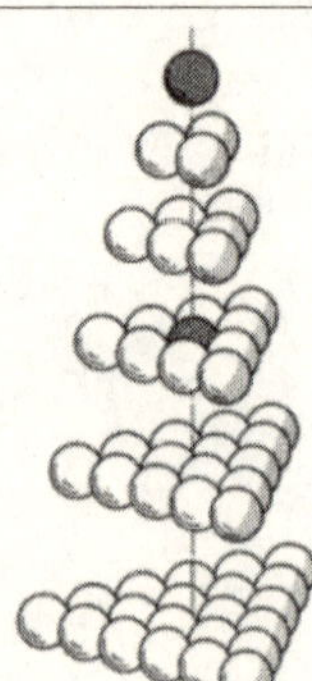

Contando de arriba hacia abajo, la primera capa contiene una bola [1 = primer número triangular], la segunda contiene tres [3 = segundo número triangular], la tercera capa contiene seis bolas [6 = tercer número triangular], la cuarta capa contiene diez [10 = cuarto número triangular], la quinta capa contiene quince bolas [15= quinto número triangular], la sexta capa contiene veintiuna [21 = sexto número triangular], etc.

Teniendo presente la representación del «triángulo de Tartaglia» con números combinatorios, resulta que los términos enésimos de la primera, segunda tercera, cuarta..., q-ésima diagonal se pueden escribir tal como se detalla en la tabla adjunta.

DIAGONAL	ELEMENTOS	TÉRMINO ENÉSIMO
1ª	$\binom{0}{0}, \binom{1}{0}, \binom{2}{0}, \binom{3}{0}, \dots\dots\dots$	$\binom{n-1}{0}$
2ª	$\binom{1}{1}, \binom{2}{1}, \binom{3}{1}, \binom{4}{1}, \dots\dots\dots$	$\binom{n}{1}$
3ª	$\binom{2}{2}, \binom{3}{2}, \binom{4}{2}, \binom{5}{2}, \dots\dots\dots$	$\binom{n+1}{2}$
4ª	$\binom{3}{3}, \binom{4}{3}, \binom{5}{3}, \binom{6}{3}, \dots\dots\dots$	$\binom{n+2}{3}$
...	....	....
q-ésima	$\binom{q-1}{q-1}, \binom{q}{q-1}, \binom{q+1}{q-1}, \binom{q+2}{q-1}, \dots\dots\dots$	$\binom{n+q-2}{q-1}$

2. Una propiedad fructífera

Para todo número combinatorio $\binom{m}{n} \neq 1$, se verifica que:

$$\binom{m}{n} = \binom{m-1}{n-1} + \binom{m-2}{n-1} + \dots + \binom{n-1}{n-1} \quad [a]$$

Por ejemplo:

$$4 = \binom{4}{1} = \binom{3}{0} + \binom{2}{0} + \binom{1}{0} + \binom{0}{0} = 1 + 1 + 1 + 1$$

1

1 1

1 2 1

1 3 3 1

1 **4** 6 4 1

1 5 10 10 5 1

... ...

$$10 = \binom{5}{2} = \binom{4}{1} + \binom{3}{1} + \binom{2}{1} + \binom{1}{1} = 4 + 3 + 2 + 1$$

$$\begin{array}{ccccccccccc} &&&&& 1 &&&&& \\ &&&& 1 && \mathbf{1} &&&& \\ &&& 1 && \mathbf{2} && 1 &&& \\ && 1 && \mathbf{3} && 3 && 1 && \\ & 1 && \mathbf{4} && 6 && 4 && 1 & \\ 1 && 5 && \mathbf{10} && 10 && 5 && 1 \\ \ldots & \ldots & \ldots & \ldots & \ldots & \ldots & \ldots & \ldots & \ldots & \ldots & \ldots \end{array}$$

3. Suma de los sucesivos números naturales empezando por 1.

Apoyándonos en la propiedad de la sección precedente vamos a calcular la suma:

$$1 + 2 + 3 + \ldots + n$$

Sabemos que:

$$1 + 2 + 3 + \ldots + n = \binom{1}{1} + \binom{2}{1} + \binom{3}{1} + \ldots + \binom{n}{1}$$

Entonces, en virtud de la igualdad [a], resulta que:

$$1 + 2 + 3 + \ldots + n = \binom{1}{1} + \binom{2}{1} + \binom{3}{1} + \ldots + \binom{n}{1} = \binom{n+1}{2} = \frac{(n+1)\,n}{2!} \Rightarrow$$

$$1 + 2 + 3 + \ldots + n = \frac{n(n+1)}{2}$$

EL SÍMBOLO SUMATORIO

En matemáticas se utiliza un símbolo muy útil y conveniente para escribir sumas de forma abreviada. Nos referimos al *símbolo sumatorio* $\sum$.

Por ejemplo:

$$\sum_{i=1}^{n} i = 1 + 2 + 3 + \ldots + n \quad ; \quad \sum_{i=1}^{n} i^2 = 1^2 + 2^2 + 3^2 + \ldots + n^2$$

Si λ y μ son dos números cualesquiera y $p(i)$, $q(i)$ dos expresiones dependientes de i, entonces:

$$\sum_{i=1}^{n} [\lambda \cdot p(i) + \mu \cdot q(i)] = \lambda \sum_{i=1}^{n} p(i) + \mu \sum_{i=1}^{n} q(i)$$

Así:

$$\sum_{i=1}^{n} (3i^2 + 5i) = 3 \sum_{i=1}^{n} i^2 + 5 \sum_{i=1}^{n} i$$

Con la ayuda del símbolo sumatorio, la fórmula de la suma de los n primeros números naturales se escribe del modo siguiente:

$$\sum_{i=1}^{n} i = \frac{n(n+1)}{2}$$

4. Cálculo de $1^2 + 2^2 + 3^2 + \ldots + n^2$

Atendiendo a consideraciones precedentes, la suma de los n primeros números triangulares viene dada por:

$$1 + 3 + 6 + \ldots + \binom{n+1}{2} = \binom{2}{2} + \binom{3}{2} + \binom{4}{2} + \ldots + \binom{n+1}{2} = \binom{n+2}{3}$$

Por tanto:

$$\sum_{i=1}^{n} \binom{i+1}{2} = \binom{n+2}{3} \Rightarrow \sum_{i=1}^{n} \frac{(i+1)i}{2!} = \frac{(n+2)(n+1)n}{3!} \Rightarrow$$

$$\sum_{i=1}^{n} \frac{i^2 + i}{2} = \frac{(n+2)(n+1)n}{6} \Rightarrow$$

$$\frac{1}{2}\sum_{i=1}^{n} i^2 + \frac{1}{2}\sum_{i=1}^{n} i = \frac{n(n+1)(n+2)}{6} \Rightarrow \frac{1}{2}\sum_{i=1}^{n} i^2 + \frac{1}{2}\cdot\frac{n(n+1)}{2} = \frac{n(n+1)(n+2)}{6} \Rightarrow$$

$$\frac{1}{2}\sum_{i=1}^{n} i^2 = \frac{n(n+1)(n+2)}{6} - \frac{n(n+1)}{4} \Rightarrow \sum_{i=1}^{n} i^2 = \frac{n(n+1)(n+2)}{3} - \frac{n(n+1)}{2} \Rightarrow$$

$$\sum_{i=1}^{n} i^2 = \frac{2n(n+1)(n+2) - 3n(n+1)}{6} = \frac{n(n+1)[2(n+2)-3]}{6} =$$

$$= \frac{n(n+1)(2n+1)}{6}$$

En definitiva:

$$\sum_{i=1}^{n} \boldsymbol{i^2 = 1^2 + 2^2 + \cdots + n^2 = \frac{n(n+1)(2n+1)}{6}}$$

5. Cálculo de $1^3 + 2^3 + 3^3 + \ldots + n^3$

Teniendo en cuenta resultados anteriores, la suma de los n primeros números triángulo-piramidales viene dada por:

$$1 + 4 + 10 + \cdots + \binom{n+2}{3} = \binom{3}{3} + \binom{4}{3} + \binom{5}{3} + \cdots + \binom{n+2}{3} = \binom{n+3}{4}$$

Por tanto:

$$\sum_{i=1}^{n}\binom{i+2}{3} = \binom{n+3}{4} \Rightarrow \sum_{i=1}^{n}\frac{(i+2)(i+1)i}{3!} = \frac{(n+3)(n+2)(n+1)n}{4!} \Rightarrow$$

$$\sum_{i=1}^{n}\frac{i^3+3i^2+2i}{6} = \frac{(n+3)(n+2)(n+1)n}{24} \Rightarrow$$

$$\frac{1}{6}\sum_{i=1}^{n}(i^3+3i^2+2i) = \frac{(n+3)(n+2)(n+1)n}{24} \Rightarrow$$

$$\sum_{i=1}^{n}(i^3+3i^2+2i) = \frac{(n+3)(n+2)(n+1)n}{4} \Rightarrow$$

$$\sum_{i=1}^{n} i^3 + 3\sum_{i=1}^{n} i^2 + 2\sum_{i=1}^{n} i = \frac{(n+3)(n+2)(n+1)n}{4} \Rightarrow$$

$$\sum_{i=1}^{n} i^3 + 3\cdot\frac{n(n+1)(2n+1)}{6} + 2\cdot\frac{n(n+1)}{2} = \frac{(n+3)(n+2)(n+1)n}{4} \Rightarrow$$

$$\sum_{i=1}^{n} i^3 = \frac{(n+3)(n+2)(n+1)n}{4} - \frac{n(n+1)(2n+1)}{2} - n(n+1) \Rightarrow$$

$$\sum_{i=1}^{n} i^3 = \frac{(n+3)(n+2)(n+1)n - 2n(n+1)(2n+1) - 4n(n+1)}{4} \Rightarrow$$

$$\sum_{i=1}^{n} i^3 = \frac{n(n+1)[(n+3)(n+2) - 2(2n+1) - 4]}{4} \Rightarrow$$

$$\sum_{i=1}^{n} i^3 = \frac{n(n+1)[n^2+5n+6-4n-2-4]}{4} = \frac{n(n+1)(n^2+n)}{4} \Rightarrow$$

$$\sum_{i=1}^{n} i^3 = \frac{n(n+1)n(n+1)}{4} = \frac{n^2(n+1)^2}{2^2} = \left(\frac{n(n+1)}{2}\right)^2$$

En definitiva:

$$\sum_{i=1}^{n} \boldsymbol{i^3 = 1^3 + 2^3 + 3^3 + \cdots + n^3 = \left(\frac{n(n+1)}{2}\right)^2}$$

6. Cálculo de $1^4 + 2^4 + 3^4 + \ldots + n^4$

La suma de los n primeros números de la quinta diagonal del «triángulo aritmético» se puede escribir así:

$$1 + 5 + 15 + + \cdots + \binom{n+3}{4} = \binom{4}{4} + \binom{5}{4} + \binom{6}{4} + \cdots + \binom{n+3}{4} = \binom{n+4}{5}$$

Por tanto:

$$\sum_{i=1}^{n} \binom{i+3}{4} = \binom{n+4}{5} \Rightarrow \sum_{i=1}^{n} \frac{(i+3)(i+2)(i+1)i}{4!} = \frac{(n+4)(n+3)(n+2)(n+1)n}{5!} \Rightarrow$$

$$\sum_{i=1}^{n} \frac{i^4+6i^3+11i^2+6i}{24} = \frac{(n+4)(n+3)(n+2)(n+1)n}{120} \Rightarrow$$

$$\frac{1}{24}\sum_{i=1}^{n}(i^4+6i^3+11i^2+6i) = \frac{(n+4)(n+3)(n+2)(n+1)n}{120} \Rightarrow$$

$$\sum_{i=1}^{n}(i^4+6i^3+11i^2+6i) = \frac{(n+4)(n+3)(n+2)(n+1)n}{5} \Rightarrow$$

$$\sum_{i=1}^{n} i^4 + 6\sum_{i=1}^{n} i^3 + 11\sum_{i=1}^{n} i^2 + 6\sum_{i=1}^{n} i = \frac{(n+4)(n+3)(n+2)(n+1)n}{5} \Rightarrow$$

$$\sum_{i=1}^{n} i^4 + 6\left(\frac{n(n+1)}{2}\right)^2 + 11\left(\frac{n(n+1)(2n+1)}{6}\right) + 6\left(\frac{n(n+1)}{2}\right) =$$

$$= \frac{(n+4)(n+3)(n+2)(n+1)n}{5} \Rightarrow$$

$$\sum_{i=1}^{n} i^4 = \frac{(n+4)(n+3)(n+2)(n+1)n}{5} - \frac{6n^2(n+1)^2}{4} - \frac{11n(n+1)(2n+1)}{6} - 3n(n+1)$$

De donde:

$$\sum_{i=1}^{n} i^4 = n(n+1)\left(\frac{(n+4)(n+3)(n+2)}{5} - \frac{3n(n+1)}{2} - \frac{11(2n+1)}{6} - 3\right) \Rightarrow$$

$$\sum_{i=1}^{n} i^4 = n(n+1)\left(\frac{6(n+4)(n+3)(n+2) - 45n(n+1) - 55(2n+1) - 90}{30}\right) \Rightarrow$$

$$\sum_{i=1}^{n} i^4 = n(n+1)\left(\frac{6(n^3+9n^2+26n+24)-45n^2-155n-145}{30}\right) \Rightarrow$$

$$\sum_{i=1}^{n} i^4 = n(n+1)\left(\frac{6n^3+9n^2+n-1}{30}\right) = \frac{6n^5+15n^4+10n^3-n}{30} \Rightarrow$$

$$\sum_{i=1}^{n} i^4 = \frac{n^5}{5}+\frac{n^4}{2}+\frac{n^3}{3}-\frac{n}{30}$$

En definitiva:

$$\sum_{i=1}^{n} \boldsymbol{i^4 = 1^4+2^4+3^4+\cdots+n^4 = \frac{n^5}{5}+\frac{n^4}{2}+\frac{n^3}{3}-\frac{n}{30}}$$

En las páginas anteriores hemos presentado un procedimiento general que permite calcular las sumas:

$1+2+3+\ldots+n$, $1^2+2^2+3^2+\ldots+n^2$, etc.

A lo largo de la historia, los matemáticos han utilizado distintas estrategias con el mismo fin. En las líneas que siguen, presentamos algunas de ellas para que el lector las compare con la que acabamos de proponer.

7. Suma de cuadrados: una tablilla cuneiforme y una demostración de Arquímedes

AO 6484

En el texto babilonio AO 6484 (Museo del Louvre) se calcula, sin justificación alguna, la suma de los cuadrados de los diez primeros números naturales mediante la expresión:

$$1^2 + 2^2 + 3^2 + \ldots + 10^2 = \left(1 \cdot \frac{1}{3} + 10 \cdot \frac{2}{3}\right) \cdot 55 = 385$$

En ella, el número 55 es el décimo número triangular.
En otras palabras:

$$55 = t_{10} = 1 + 2 + 3 + \ldots + 10 = \frac{10 \cdot 11}{2}$$

Con esto, la fórmula original se convierte en:

$$1^2 + 2^2 + 3^2 + \ldots + 10^2 = \left(1 \cdot \frac{1}{3} + 10 \cdot \frac{2}{3}\right) \cdot \frac{10 \cdot 11}{2}$$

que, a su vez, es un caso particular de la expresión general:

$$1^2 + 2^2 + 3^2 + \ldots + n^2 = \left(1 \cdot \frac{1}{3} + n \cdot \frac{2}{3}\right) \cdot \frac{n(n+1)}{2} = \frac{n(n+1)(2n+1)}{6}$$

Arquímedes de Siracusa

Arquímedes (287 a.C.-212 a. C.) en su libro *Sobre las espirales* (proposición 10) demostró la fórmula anterior para $n = 8$. Para ello se sirvió de un lenguaje confuso que intentaremos aclarar utilizando el simbolismo aritmético moderno.

Para calcular la suma $1^2 + 2^2 + 3^2 + \ldots + 8^2$, el sabio griego procedió del modo siguiente:

$$2 \cdot 8^2 = 2 \cdot 8^2$$
$$8^2 = (7+1)^2 = 7^2 + 1^2 + 2 \cdot 7 \cdot 1 = 7^2 + 1^2 + 2 \cdot 7$$
$$8^2 = (6+2)^2 = 6^2 + 2^2 + 2 \cdot 6 \cdot 2 = 6^2 + 2^2 + 4 \cdot 6$$
$$8^2 = (5+3)^2 = 5^2 + 3^2 + 2 \cdot 5 \cdot 3 = 5^2 + 3^2 + 6 \cdot 5$$
$$8^2 = (4+4)^2 = 4^2 + 4^2 + 2 \cdot 4 \cdot 4 = 4^2 + 4^2 + 8 \cdot 4$$
$$8^2 = (3+5)^2 = 3^2 + 5^2 + 2 \cdot 3 \cdot 5 = 3^2 + 5^2 + 10 \cdot 3$$
$$8^2 = (2+6)^2 = 2^2 + 6^2 + 2 \cdot 2 \cdot 6 = 2^2 + 6^2 + 12 \cdot 2$$
$$8^2 = (1+7)^2 = 1^2 + 7^2 + 2 \cdot 1 \cdot 7 = 1^2 + 7^2 + 14 \cdot 1$$

Sumando las igualdades anteriores, miembro a miembro, resulta:

$$9 \cdot 8^2 = 2(1^2 + 2^2 + \ldots + 8^2) + (2 \cdot 7 + 4 \cdot 6 + 6 \cdot 5 + 8 \cdot 4 + 10 \cdot 3 + 12 \cdot 2 + 14 \cdot 1)$$

Llegados a este punto, se suma $1 + 2 + \ldots + 8$ a los dos miembros de la igualdad anterior. Con esto, se tiene que:

$$9 \cdot 8^2 + (1 + 2 + \ldots + 8) = 2(1^2 + 2^2 + \ldots + 8^2) + (8 + 3 \cdot 7 + 5 \cdot 6 + 7 \cdot 5 + 9 \cdot 4 + 11 \cdot 3 + 13 \cdot 2 + 15 \cdot 1) \quad [b]$$

Por otro lado[2]:

$$\begin{aligned}
8^2 &= 8 + 2{\cdot}7 + 2{\cdot}6 + 2{\cdot}5 + 2{\cdot}4 + 2{\cdot}3 + 2{\cdot}2 + 2{\cdot}1\\
7^2 &= 7 + 2{\cdot}6 + 2{\cdot}5 + 2{\cdot}4 + 2{\cdot}3 + 2{\cdot}2 + 2{\cdot}1\\
6^2 &= 6 + 2{\cdot}5 + 2{\cdot}4 + 2{\cdot}3 + 2{\cdot}2 + 2{\cdot}1\\
5^2 &= 5 + 2{\cdot}4 + 2{\cdot}3 + 2{\cdot}2 + 2{\cdot}1\\
4^2 &= 4 + 2{\cdot}3 + 2{\cdot}2 + 2{\cdot}1\\
3^2 &= 3 + 2{\cdot}2 + 2{\cdot}1\\
2^2 &= 2 + 2{\cdot}1\\
1^2 &= 1{\cdot}1
\end{aligned}$$

Sumando las ocho igualdades anteriores, miembro a miembro, se obtiene:

$$1^2 + 2^2 + \ldots + 8^2 = 8 + 3 \cdot 7 + 5 \cdot 6 + 7 \cdot 5 + 9 \cdot 4 + 11 \cdot 3 + 13 \cdot 2 + 15 \cdot 1$$

Sustituyendo esta última igualdad en [b] resulta:

$$9 \cdot 8^2 + (1 + 2 + \ldots + 8) = 2(1^2 + 2^2 + \ldots + 8^2) + (1^2 + 2^2 + \ldots + 8^2) \Rightarrow$$
$$\Rightarrow 9 \cdot 8^2 + (1 + 2 + \ldots + 8) = 3(1^2 + 2^2 + \ldots + 8^2)$$

A partir de aquí, se puede generalizar (esto no lo hizo Arquímedes) y escribir:

---

2 Por ejemplo:
$8^2 = 8 + 8 + 8 + 8 + 8 + 8 + 8 + 8 = 8 + (7 + 1) + (6 + 2) + (5 + 3) + (4 + 4) + (3 + 5) + (2 + 6) + (1 + 7) = 8 + 2{\cdot}7 + 2{\cdot}6 + 2{\cdot}5 + 2{\cdot}4 + 2{\cdot}3 + 2{\cdot}2 + 2{\cdot}1$

$$(n+1)n^2 + (1+2+\ldots+n) = 3(1^2+2^2+\ldots+n^2) \Rightarrow$$

$$\Rightarrow (n+1)n^2 + \frac{n(n+1)}{2} = 3(1^2+2^2+\ldots+n^2) \Rightarrow$$

$$\Rightarrow \frac{2(n+1)n^2 + n(n+1)}{2} = 3(1^2+2^2+\ldots+n^2) \Rightarrow$$

$$\Rightarrow \frac{n(n+1)(2n+1)}{2} = 3(1^2+2^2+\ldots+n^2) \Rightarrow$$

$$1^2+2^2+\ldots+n^2 = \frac{n(n+1)(2n+1)}{6} \qquad [c]$$

8. Fibonacci y los cuadrados

El matemático medieval Leonardo de Pisa[3], dedujo la fórmula [c] apoyándose en razonamientos que, traducidos al lenguaje moderno, se pueden entender fácilmente.

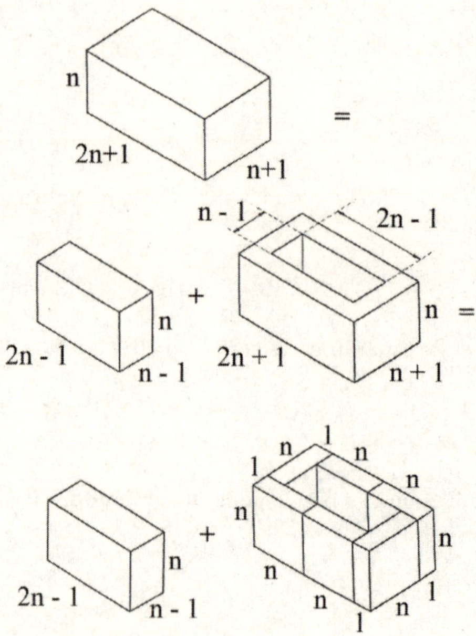

3 *Liber quadratorum* (1225), proposición 10.

En las figuras anteriores se descubre que:

$$n(n+1)(2n+1) = (n-1)n(2n-1) + 6n^2$$

Entonces:

$$6n^2 = n(n+1)(2n+1) - (n-1)n(2n-1)$$

Si en esta última igualdad se dan valores a n (desde 1 hasta n) se obtiene la siguiente colección de igualdades:

$$6\cdot 1^2 = 1\cdot 2\cdot 3$$
$$6\cdot 2^2 = 2\cdot 3\cdot 5 - 1\cdot 2\cdot 3$$
$$6\cdot 3^2 = 3\cdot 4\cdot 7 - 2\cdot 3\cdot 5$$

… … … … … … … … … … … … … … …

… … … … … … … … … … … … … … …

… … … … … … … … … … … … … … …

$$6(n-2)^2 = (n-2)(n-1)(2n-3) - (n-3)(n-2)(2n-5)$$
$$6(n-1)^2 = (n-1)n(2n-1) - (n-2)(n-1)(2n-3)$$
$$6n^2 = n(\mathrm{n}+1)(2n+1) - (n-1)n(2n-1)$$

Sumando las igualdades anteriores, miembro a miembro, se obtiene:

$$6(1^2 + 2^2 + \ldots + n^2) = n(n+1)(2n+1) \Rightarrow$$

$$\Rightarrow 1^2 + 2^2 + \ldots + n^2 = \frac{n(n+1)(2n+1)}{6}$$

9. Suma de cuadrados en China

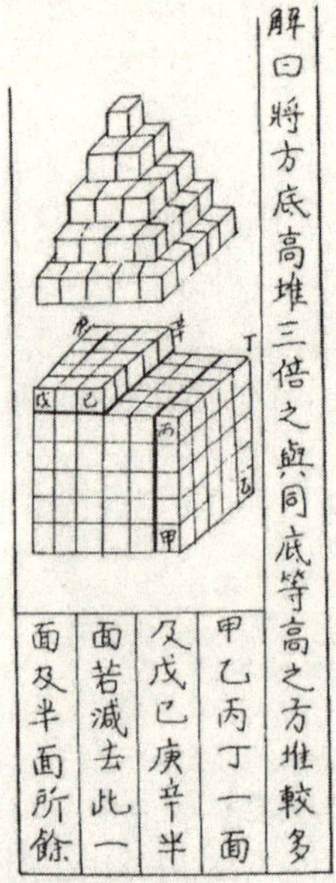

En el siglo XVII, el matemático chino Du Zhigeng diseñó un interesante procedimiento para calcular la suma de los cuadrados de los n primeros números naturales.

Veamos como lo hizo.

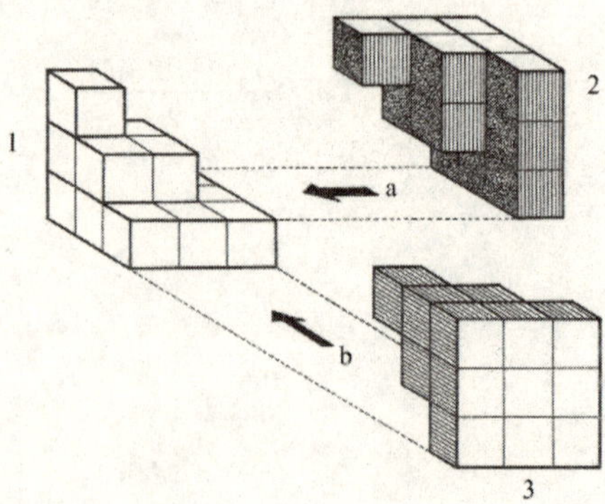

La figura anterior representa tres torres iguales compuestas por cubos idénticos.

¿Cuántos cubos hay en cada torre?

Fijémonos en la torre 1. En la capa superior hay un cubo (1^2), en la capa media hay cuatro (2^2) y en la capa inferior hay nueve (3^2).

Dicho en otras palabras: Cada torre es un modelo tridimensional de la suma de los tres primeros números cuadrados.

Si desplazamos la torre 2 (según el sentido de la flecha a) hasta que se acople con la torre 1 y dejamos la pila 3 inmóvil, obtendremos una distribución de cubos como la que se representa en la figura siguiente.

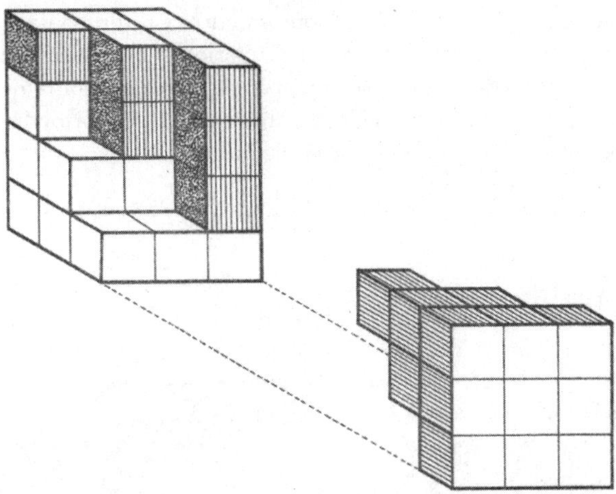

Si, acto seguido, trasladamos la torre 3 (siguiendo la flecha b) hasta que se acople con el sólido formado por las torres 1 y 2, habremos materializado un bloque como el de la figura siguiente. Dicho bloque está compuesto por $3(1^2 + 2^2 + 3^2)$ cubos.

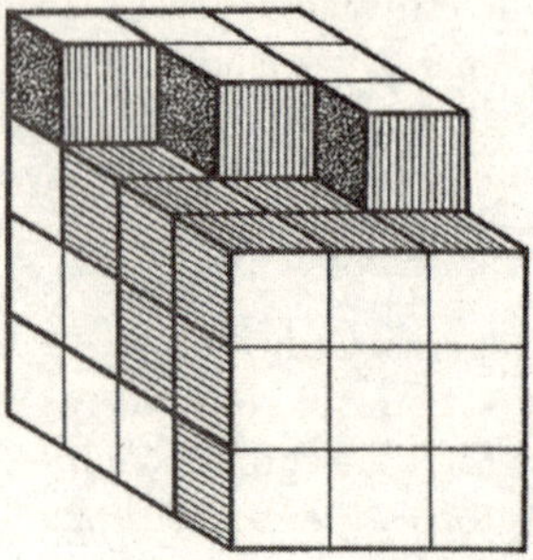

Resulta claro que, contando de abajo hacia arriba, las tres primeras capas de este bloque son ortoedros y la última no.

Sin embargo, si dividimos la capa superior en dos partes iguales (véase el diagrama 1) y las acoplamos de modo conveniente, podemos transformar el bloque anterior en un ortoedro de dimensiones 3, 4 y $3 + \frac{1}{2}$ (véase el diagrama 2)

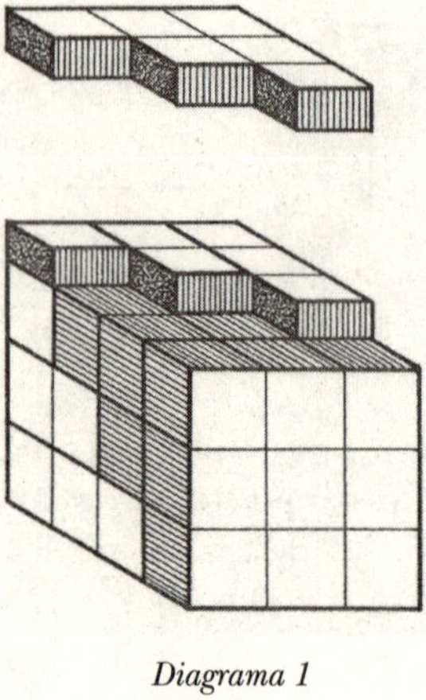

Diagrama 1

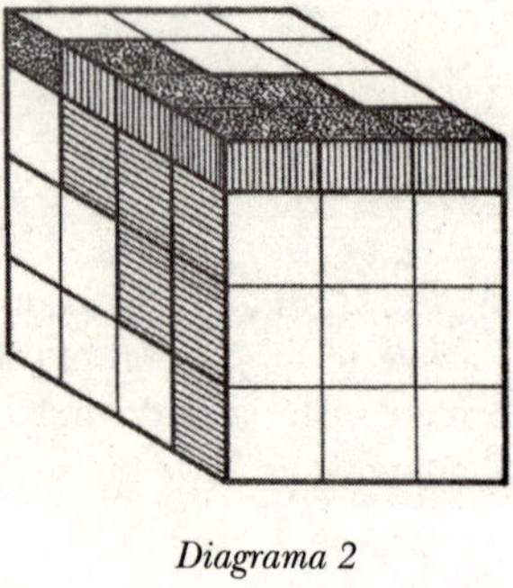

Diagrama 2

Con esto, resulta que:

$$3(1^2 + 2^2 + 3^2) = 3 \cdot 4 \cdot (3 + \frac{1}{2})$$

Advirtamos que los tres factores que aparecen en el segundo miembro de la igualdad anterior son tales que:

- El primer factor [= 3] coincide con el número de sumandos de $1^2 + 2^2 + 3^2$.
- El segundo factor [= 4] es igual al primero aumentado en una unidad.
- El tercer factor [$= 3 + \frac{1}{2}$] es igual al primero más 1/ 2.

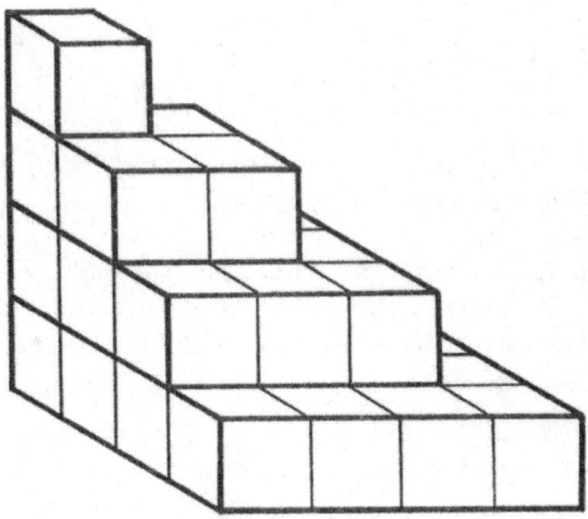

Representación tridimensional de $1^2 + 2^2 + 3^2 + 4^2$

Si trabajamos con tres torres de cuatro pisos (véase la figura anterior) y repetimos los mismos pasos que con las torres de tres pisos, obtendremos el resultado siguiente:

$$3(1^2 + 2^2 + 3^2 + 4^2) = 4 \cdot 5 \cdot (4 + \frac{1}{2})$$

Notemos que en la igualdad precedente se verifica que:

- El primer factor del segundo miembro [= 4] coincide con el número de sumandos de $1^2 + 2^2 + 3^2 + 4^2$.

- El segundo factor [= 5] es igual al primero aumentado en una unidad.
- El tercer factor [= $4 + \frac{1}{2}$] es igual al primero más 1/ 2.

Llegados a este punto, se puede conjeturar que:

$$3(1^2 + 2^2 + \ldots + n^2) = n(n+1)(n+\frac{1}{2})$$

Por tanto:

$$1^2 + 2^2 + \ldots + n^2 = \frac{n(n+1)(n+\frac{1}{2})}{3} = \frac{n(n+1)(2n+1)}{6}$$

10. Suma de cubos en India

El matemático indio Nilakantha, que vivió durante los siglos XVI y XVII, ideó un procedimiento visual para calcular la suma de los cubos de los *n* primeros números naturales.

Lo hizo así.

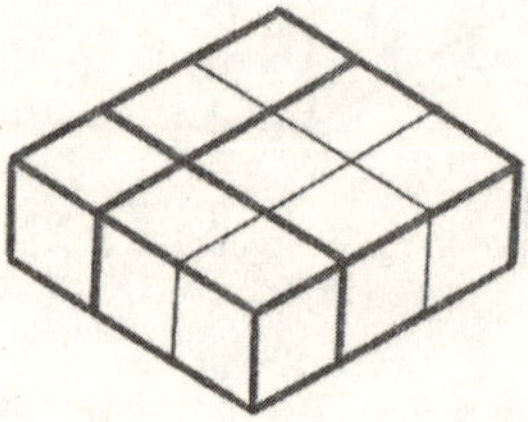

El sólido anterior está compuesto por cuatro piezas y representa el producto:

$1\times(1 + 2)\times(1 + 2)$ [= altura × anchura × profundidad] = $(1 + 2)^2$

Las cuatro piezas se pueden acoplar de forma conveniente para formar dos cubos (véanse la dos figuras siguientes).

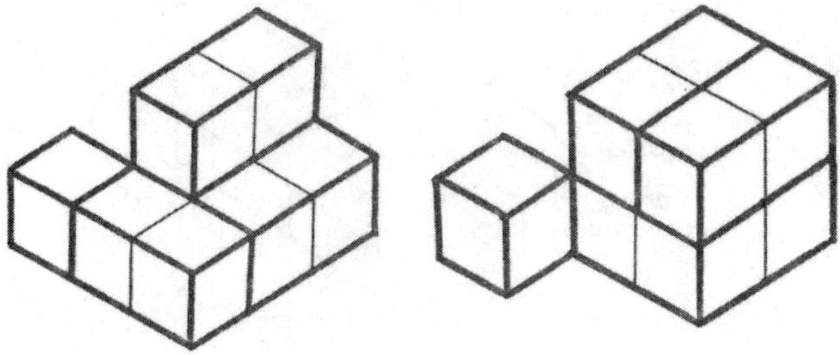

Resulta claro que la última estructura, que sigue representando $(1 + 2)^2$, también representa la suma $1^3 + 2^3$.

Por tanto:

$$1^3 + 2^3 = (1 + 2)^2$$

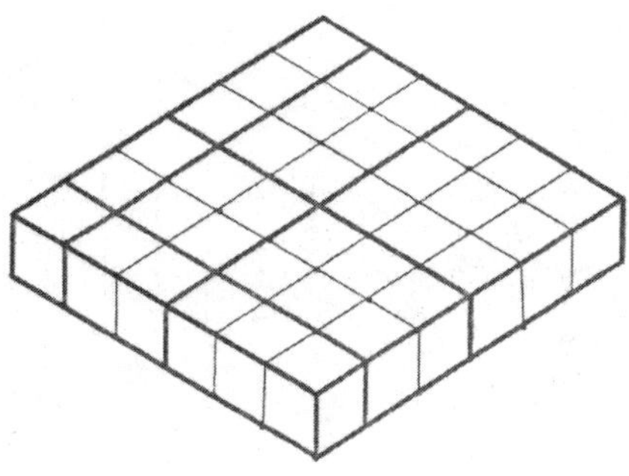

El ortoedro anterior está compuesto por nueve piezas y representa el producto:

$1\times(1 + 2 + 3)\times(1 + 2 + 3)$ [= altura × anchura × profundidad] = $(1 + 2 + 3)^2$

Las nueve piezas se pueden acoplar de forma conveniente para formar tres cubos (véanse los diagramas siguientes).

La última estructura representa la potencia $(1 + 2 + 3)^2$ y la suma $1^3 + 2^3 + 3^3$.

En consecuencia:

$$1^3 + 2^3 + 3^3 = (1 + 2 + 3)^2$$

Atendiendo a los dos resultados obtenidos podemos conjeturar que:

$$1^3 + 2^3 + \ldots + n^3 = (1 + 2 + \ldots + \mathrm{n})^2 = \left(\frac{n(n+1)}{2}\right)^2$$

Referencias bibliográficas

MARTZLOFF, J. C. (1988). *Histoire des Mathématiques chinoises.* París: Masson.

MEAVILLA SEGUÍ, V. (1990). «Sumando cuadrados: un ejemplo de visualización en matemáticas». *SUMA. Enseñanza y aprendizaje de las matemáticas,* nº 7, pp. 43-46.

MEAVILLA SEGUÍ, V. (2005). *La historia de las Matemáticas como recurso didáctico. Ideas, sugerencias y materiales para la clase.* Badajoz: Federación Española de Sociedades de Profesores de Matemáticas.

MEAVILLA SEGUÍ, V. (2008). *Aspectos históricos de las matemáticas elementales* (2ª edición). Zaragoza: Prensas Universitarias de Zaragoza.

SARASVATI AMMA, T.A. (1979). *Geometry in ancient & medieval India.* Delhi: Motilal Banarsidass.

VERA, F. (1970). *Científicos griegos* (dos volúmenes). Madrid: Aguilar, S. A. de ediciones.

Capítulo 5

Lecciones de geometría práctica

La resolución de problemas ha sido una constante a lo largo de toda la historia de las Matemáticas. En particular, el problema de la medición indirecta de longitudes ocupó a un buen número de estudiosos desde la antigüedad y tuvo una sección fija en la mayoría de los libros de geometría escritos en la Edad Media, tanto en latín como en lengua vulgar, que se conservó en los capítulos de Geometría práctica durante los siglos XVI y XVII.

En dichos textos, junto a la descripción de los instrumentos de medida se presentaban los métodos para el cálculo de alturas, distancias y profundidades.

Cualquiera que fuese el instrumento utilizado, el principio en que se apoyaba la medición consistía en construir dos triángulos semejantes a partir de los cuales se pudiera determinar la longitud desconocida.

En este libro presentamos algunos ejemplos de mediciones indirectas de longitudes rescatados del libro *El perfeto capitan, instrvido en la disciplina Militar, y nueua ciencia de la Artilleria* (1590), escrito por Diego de Álava y Viamont.

1. Diego de Álava y Viamont: jurista y artillero

El vitoriano Diego de Álava y Viamont (ca. 1555), hijo del capitán general de artillería Francisco de Álava, estudió en Alcalá (en el colegio de Ambrosio de Morales[1]) y en la Universidad de Salamanca.

Diego de Álava y Viamont

Fue jurista de profesión, pero adquirió fama por su obra *El perfeto capitan, instrvido en la disciplina Militar, y nueua ciencia de la Artilleria*, dividida en seis libros.

EL PERFETO
CAPITAN, INSTRVIDO
En la diciplina Militar, y nueua ciencia
de la Artilleria.
POR DON DIEGO DE
Alaba y Viamont.
DIRIGIDO AL REY DON FELIPE
nuestro señor, segundo deste nombre.
CON PRIVILEGIO.
En Madrid, por Pedro Madrigal:
Año de M. D. X C.

Portada de El perfeto capitan

1 El cordobés Ambrosio de Morales (1513-1591) fue humanista, historiador y arqueólogo.

El libro cuarto, *en que se trata de todos los generos de medidas necessarias para el vso de la Artilleria, con Planisferio, Astrolabio, Quadrante, y otros instrumentos Matemáticos* (fols. 189r-223v), se consagra a la geometría práctica (altimetría, planimetría y estereometría) y contiene numerosos ejemplos de cálculo indirecto de longitudes mediante diversos instrumentos.

En la introducción al libro cuarto leemos:

> Mal se podrá usar de la Artillería, si primero que se aseste al lugar que se ha de batir no se conociere puntualmente la distancia que hay hasta el puesto donde se hubieren de asestar las piezas. Porque si la pieza se dispara sin otra seguridad del espacio de tierra que hay en medio, del que el artillero da, fiado en lo que ellos llaman borneo del ojo, y en muy poco más o menos, que suele tener de error la mitad del camino, y primero que se acierte a la muralla o blanco adonde está asestada se habrán tirado muchos tiros al aire de ningún efecto y despertado al enemigo si está ignorante del daño que se le procura hacer. A cuya causa, antes de tratar de los instrumentos con que se han de dar las cazas y del arte con que se harán las tablas para encarar la pieza por un punto que arrojada la bala por él con certidumbre ofenda al blanco propuesto, me ha parecido ser conforme a buen orden referir muchas maneras de medir todo lo que se alcanzare a ver, ahora esté el objeto en alto o en llano, usando de las que comúnmente se ejercitan con diversos instrumentos y sin ellos, y de otras que quizás los muy ejercitados en esto nunca han alcanzado a saber, por ser sacadas de lo más escondido de la Geometría y Aritmética y no andar vulgares en los tratados de medidas que hay en diferentes autores. Y pues tratar de medir sin saber en cuántas partes se dividen las medidas Geométricas será proceder con poca distinción, diré brevemente lo que en esto hay, propuestas las definiciones necesarias, para entender los términos Matemáticos de que adelante he de usar.

2. El astrolabio

> Para el uso de este instrumento, lo primero que se ha de advertir es que todas las veces que encarare a alguna cosa que hubiere de medir, si la dioptra, o regla EF (adonde están puestas las miras),

cayere sobre algunas de las doce partes en que se divide el lado del cuadrante donde cae la umbra versa, la distancia que hubiere de mi ojo a la parte que le corresponde frontero en la cosa que mido, será mayor que la altura de ella; y al contrario si cayere en alguna de las doce partes en que se divide el lado de la umbra recta, será mayor la altura de la torre, o muralla, que el espacio que hay desde el lugar donde me hallo hasta ella; y si cayere de medio a medio del ángulo que hacen los dos lados de estas sombras, que será la línea GH, que llaman línea media, que atraviesa las dos sombras, lo que hubiere por la línea visual desde mi ojo a la torre será igual a la altura.

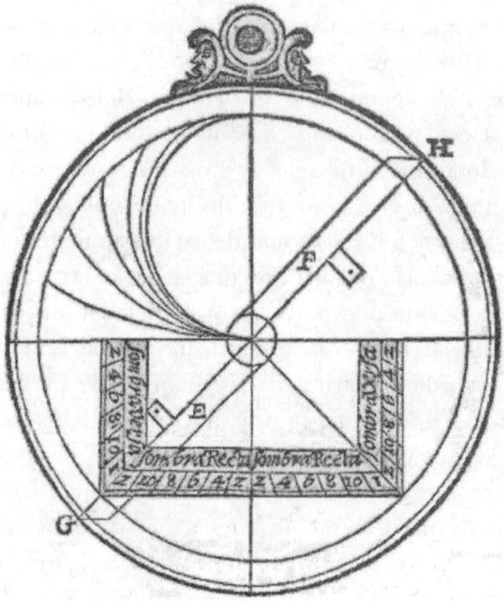

COMENTARIO

El astrolabio utilizado por Diego de Álava es un instrumento formado por un círculo metálico dividido en cuatro partes por dos diámetros perpendiculares.

En cada uno de los dos cuadrantes inferiores hay un cuadrado inscrito, cuyos lados no contenidos en un diámetro, la *umbra versa* (lado vertical) y la *umbra recta* (lado horizontal), están divididos en doce partes iguales.

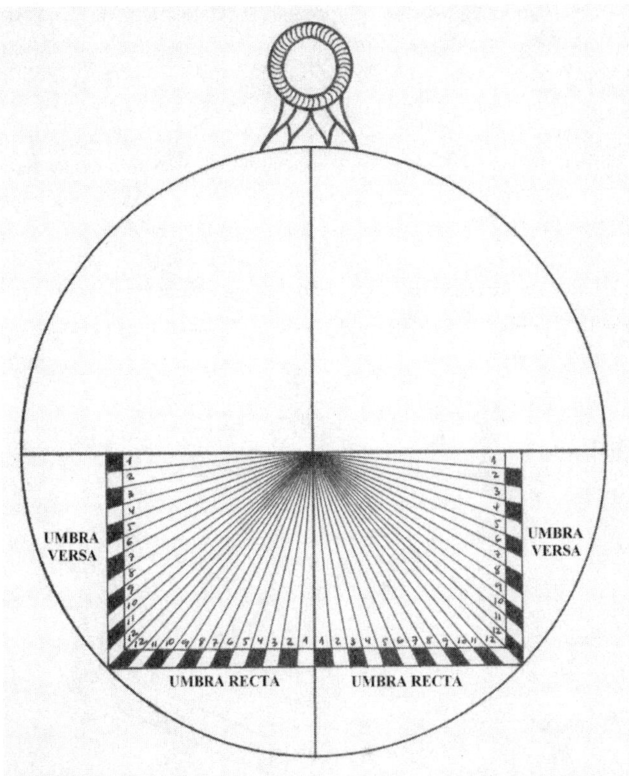

En la parte superior del astrolabio hay una anilla que permite sostener el instrumento perpendicularmente al suelo.

El astrolabio también contiene una alidada o regla metálica que puede girar alrededor del centro del círculo.

La alidada tiene en sus extremos dos tablillas metálicas, llamadas pínulas, con una abertura circular para dirigir visuales. Los planos de las pínulas son perpendiculares al de la alidada (véanse los diagramas siguientes).

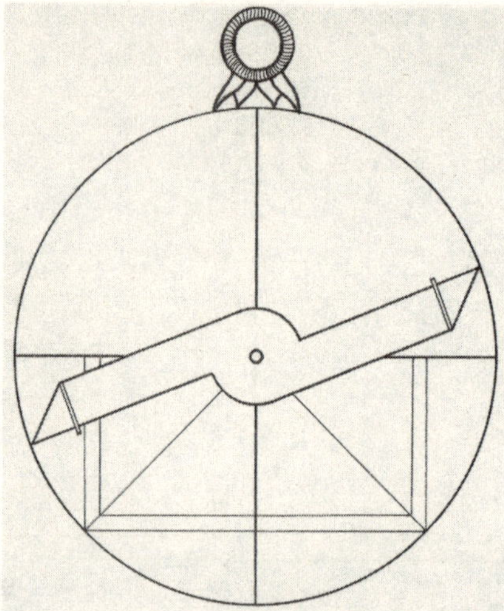

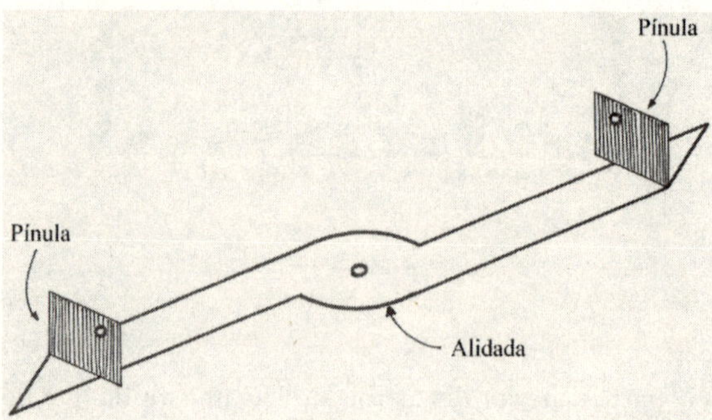

3. De la manera de medir cualquier distancia por la escala altímetra que está en el dorso del astrolabio

Presupuesto esto se ha de medir de esta manera.

Quiero saber una torre, u otra cualquier cosa puesta en un llano, a la cual puedo llegar sin impedimento alguno, cuánto tiene de alto. Encaro a lo que hubiere de medir con el astrolabio y ando tentando o llegándome hacia la torre, o retirándome atrás, hasta que venga a caer la dioptra de medio a medio de la línea que está entre las dos sombras, estando las miras en tal punto que por ellas se vea lo alto de la torre. Y cuando viniere a estar en esta postura, diré, por lo que atrás está dicho, que la distancia que hay de mi ojo a la torre será igual a la altura de ella.

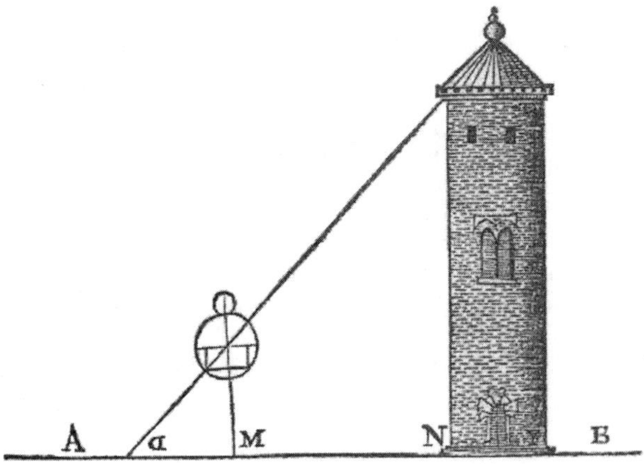

Sea la torre FG puesta en un plano AB. Si quiero saber lo que tiene de alto, después que he venido a poner la dioptra en la línea del medio de las dos sombras, y encarado al punto G mediré la línea MN, que es lo que hay entre la base de la torre y el medio de mi pie, y tomando en línea recta hacia atrás lo alto de mi cuerpo, desde los pies hasta los ojos, que eso será lo que faltará para toda la altura de la torre, pues la línea visual que sale de mi ojo no da en el pie de la torre sino más alto en igual altura de la que fuere mi estatura, de los ojos hasta los pies, mediré desde el punto adonde me retraje en línea recta, lo que hay hasta el pie de la torre, que será el espacio de la línea DN, o añadiré a la distancia MN lo que fuere mi estatura, que es lo mismo. Y si fueren cincuenta o más pies, esos diré que tiene la torre de alto, y la demostración de esto se verá atrás.

COMENTARIO

En esencia, el procedimiento de Álava y Viamont es el siguiente:

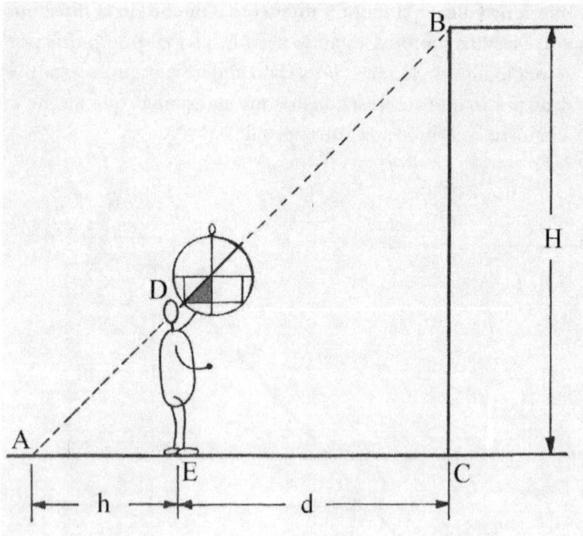

H = altura que se quiere medir. DE = h = altura desde los ojos del observador al suelo. EC = d = distancia del observador al pie de la altura que se quiere medir.

En el diagrama anterior, el triángulo gris, el triángulo ABC y el triángulo ADE son rectángulos e isósceles. En consecuencia DE = AE = h y H = h + d.

4. Otra manera de medir esta torre por el mismo instrumento sin mudar lugar

Tomaré el Astrolabio y, teniéndolo pendiente de uno de los dedos de la mano izquierda, encararé a lo alto de la torre mudando la regla, o dioptra, hasta que por los dos agujeros de las miras coja con la vista su altura. Y miraré en cuál de las sombras cayó la alidada, y si cayere en la recta, tendré sabido, por lo que está dicho, que es mayor la altura de la torre que el espacio que hay de mi pie a ella, y veré luego cuántos puntos de los doce en que está repartido este lado de la escala, cortó la regla, y conforme a los que hubiere cortados, diré que la proporción que tienen aquellos puntos a 12 tendrá la distancia que hay desde donde me hallo a lo alto de la torre. Y midiendo este espacio con curiosidad por pies, o pasos, multiplicaré el número que hubiere de ellos por 12 y lo que saliere de la multiplicación partirlo he por los números que cortó la dioptra y lo que sacare de la partición será lo que hay hasta la torre añadiendo lo que fuere mi estatura.

EJEMPLO

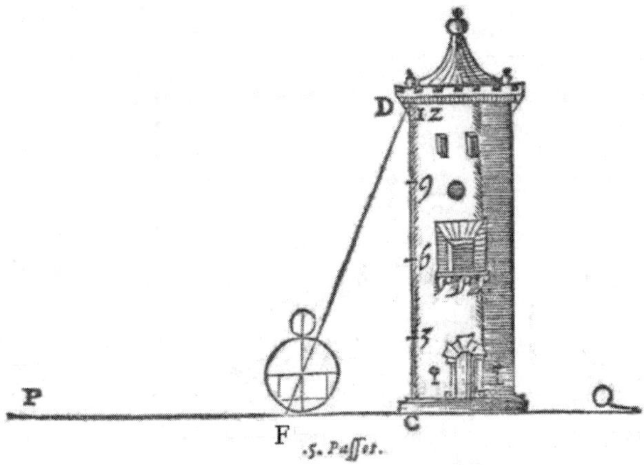

Sea la altura de la torre que quiero medir DC la cual esté asentada sobre el plano PQ. La distancia que hay del lugar donde la mido hasta el pie de ella sea la línea FC de cinco pasos comunes. Mi estatura sea de dos pasos. Los puntos cortados sean seis. Multiplico doce por cinco, saldrán 60. Parto este número por los 6 puntos rectos y saldrán diez, a los cuales añadiré dos pasos de mi estatura y concluiré que la altura de la torre propuesta será de doce pasos.

COMENTARIO

En la figura siguiente, la altura del observador es igual a 2 pasos.

Por otro lado, la distancia del observador a la base de la torre que se quiere medir es igual a 5 pasos.

Además, la alidada del astrolabio intercepta seis divisiones sobre la *umbra recta*.

Por último, el triángulo rectángulo gris (cuyos catetos miden 6 y 12 divisiones, respectivamente) y el triángulo rectángulo ABC son semejantes.

En esta situación se verifica que:

$$\frac{12}{6} = \frac{CB}{AB} \Rightarrow \frac{12}{6} = \frac{CB}{5} \Rightarrow CB = \frac{12 \cdot 5}{6} = 10$$

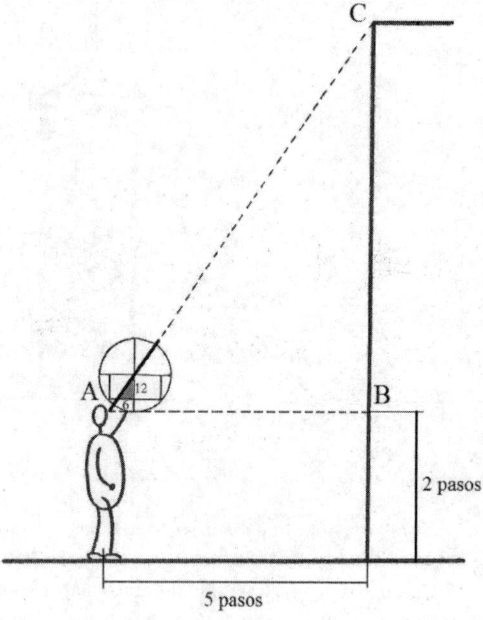

En consecuencia:

Altura de la torre = CB + 2 = 10 + 2 = 12 pasos

5. Cómo se medirá cualquier altura puesta en un plano, no pudiendo llegar a ella

Esta doctrina es muy diferente de las pasadas, pues todo lo que con este instrumento hasta ahora se ha medido han sido alturas a que con facilidad se podía llegar, lo cual se obra sin mucho trabajo y dificultad del arte. Pero porque sucede haber ríos u otros inconvenientes que impiden el paso, diré aquí lo que en tal caso se hará para saber la verdadera altura de lo que quiero medir. Encararé lo primero en el lugar donde me hallo con el Astrolabio a lo alto de la muralla o torre; y si la alidada cayere sobre la umbra versa notaré qué puntos corta de ella y partiré los doce que vale todo aquel lado de la escala y notaré el número que saliere de la partición. O retirándome atrás lo que me diere gusto, dejando una señal en el lugar donde acabo de hacer esta observación, volveré a observar de nuevo con el Astrolabio, como antes hice, lo alto de la misma muralla o torre, y notaré los puntos que corta la regla en la escala versa, y partiendo los 12 de toda ella por ellos veré lo que sale de la partición, y restando lo que salió de las dos particiones y notando lo que queda, mediré el espacio que hay del punto donde hice la primera observación al de la segunda, y partiéndolo por lo que queda de los números que resté. Añadiendo lo que ocupa de este género de medir a mi estatura, hallaré en lo que quedare de lo partido la verdadera altura de la torre o muralla que deseaba medir. Esto mismo se puede hacer al contrario, haciendo la segunda observación en el lugar que se escogiere, y llegando a la torre, y la primera en el que estuviere más lejos como en el ejemplo que sigue.

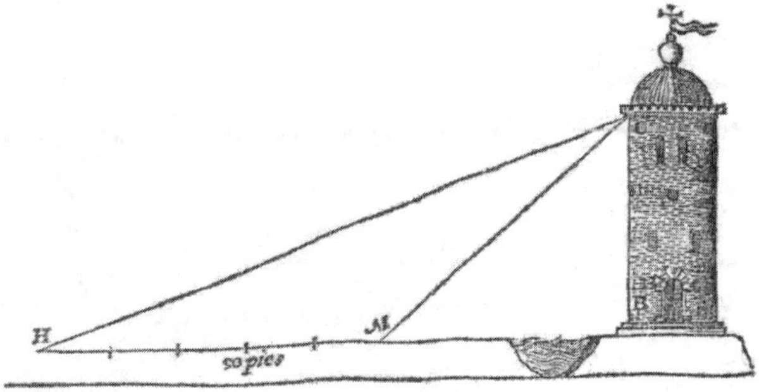

Sea la torre a que no puedo llegar BC. Encarando al punto C, de lo más alto de ella, desde el punto H, de donde quiero medirla, hallé que la alidada cortaba a la umbra versa en tres puntos, y que partiendo por ellos, conforme a la doctrina pasada, los doce que vale todo el lado de la umbra versa salieron cuatro de la partición. Y llegándome hasta el punto M, que es el lugar de la segunda observación, notando ni más ni menos sobre qué punto de la misma sombra versa cae la regla de las miras, y siendo sobre el seis, haciendo por él la partición de los doce, que se ha de hacer en ambos puestos, vine a hallar que quedaban dos. Tomaré pues los dos y sacarlos he de los cuatro, y quedarán otros dos, y partiendo por ellos cincuenta pies, que es la distancia que hay desde el lugar donde comencé a medir hasta el segundo adonde me retiré para hacer la otra observación (pues fue mi albedrío tomar el espacio de él), quedarán veinticinco pies. A los cuales, añadiendo seis, que serán los que tiene de largo mi estatura, desde la punta de los pies hasta los ojos, que serán por todos treinta y uno, diré que he hallado lo que tiene de alto la torre, que son treinta y un pies.

COMENTARIO

En la figura siguiente se indican las dos observaciones que se requieren para medir la altura H de un objeto cuyo pie es inaccesible.

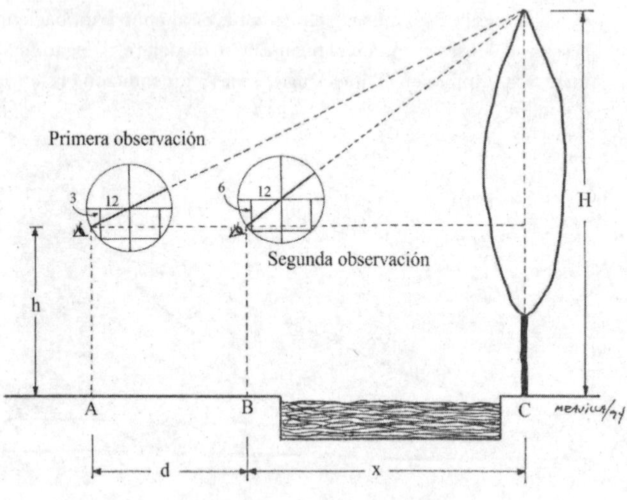

h = altura del observador = 6 pies.
d = distancia entre las dos posiciones del observador = 50 pies.
3 = número de divisiones en que la alidada corta a la *umbra versa* en la primera observación.
6 = número de divisiones en que la alidada corta a la *umbra versa* en la segunda observación.
H = altura del objeto inaccesible.
x = distancia entre el objeto y la posición del observador en la segunda observación.

Por semejanza de triángulos se tiene:

- Primera observación

$$\frac{12}{3} = \frac{50 + x}{H - 6} = \frac{50}{H - 6} + \frac{x}{H - 6} \qquad [1]$$

- Segunda observación

$$\frac{12}{6} = \frac{x}{H - 6} \qquad [2]$$

Sustituyendo [2] en [1] resulta:

$$\frac{12}{3} = \frac{50}{H - 6} + \frac{12}{6} \Rightarrow \frac{50}{H - 6} = \frac{12}{3} - \frac{12}{6} \Rightarrow H - 6 = \frac{50}{\frac{12}{3} - \frac{12}{6}} \Rightarrow$$

$$\Rightarrow H - 6 + \frac{50}{\frac{12}{3} - \frac{12}{6}} = 6 + \frac{50}{4 - 2} = 6 + \frac{50}{2} = 6 + 25 = 31 \text{ pies}$$

6. De qué manera se medirá la longitud de cualquier plano

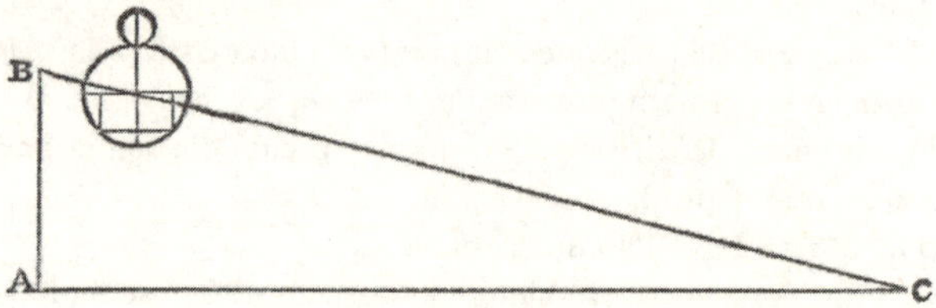

Sea la vara AB, mi ojo sea B y el pie sea A. Encarando por el Astrolabio bajo la alidada o alcola hasta que coja por las miras el punto último de la distancia que pretendo medir, y noto luego los puntos que se cortan en el lado de la umbra versa, y hallando en este ejemplo que son cuatro, diré que 3 veces es mayor la longitud de lo que hay desde mis pies al objeto, o lugar propuesto, que la cantidad de la vara. Y para que no se engañe el que mide, es necesario advertir que todo lo que hasta aquí se ha dicho de la medida de esta vara saldrá cierto y verdadero si la distancia que se hubiere de medir fuere poca; pero si fuere muy larga habrá mucho engaño porque entonces, pues ella representa la estatura del medidor, habrá ninguna o insensible proporción de su longitud a la que hay al extremo de lo que quiero medir, y en tal caso tomaré una lanza que tenga dos o tres veces más de largo de lo que tiene la vara que había hecho para este propósito, y haré de suerte que pueda encarar por ella , poniendo algo en que pueda subir a este punto, y entonces encararé al lugar hasta donde he de medir, y notando por la doctrina pasada los puntos que se cortan en la umbra versa, sabré cuantas veces es mayor el espacio que he medido que la lanza que en esta ocasión servirá de vara de medir. Y, habiéndola partido en las mismas doce partes iguales del género de medida que quisiere usar, diré que la distancia propuesta comprende en sí tres veces todas estas partes, si la alidada cortare el cuarto punto de la umbra versa, conforme a lo que está dicho.

COMENTARIO

En la figura siguiente reproducimos la situación descrita en el texto anterior.

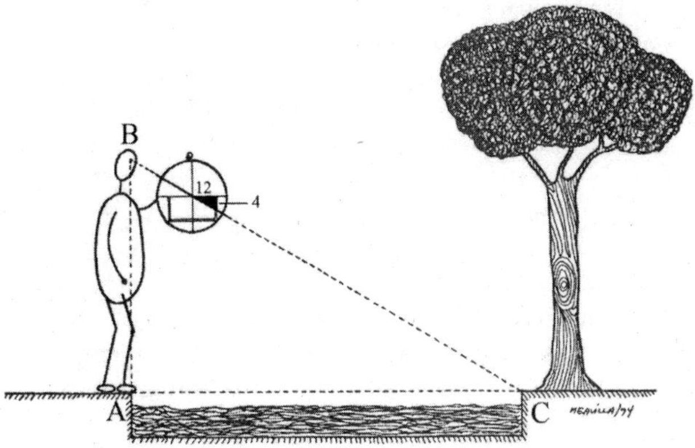

AB = altura del observador.
AC = distancia que se desea medir.

El triángulo rectángulo negro que se forma en el instrumento y el triángulo rectángulo ABC son semejantes:

Entonces:

$$\frac{12}{4} = \frac{AC}{AB} \Rightarrow 3 = \frac{AC}{AB} \Rightarrow AC = 3 \cdot AB$$

7. Cómo se medirá un pozo o cualquier profundidad

Lo primero que ha de hacer el que quisiere medir el hondo de cualquier pozo es saber la cantidad del diámetro de lo ancho de él. La cual conocida, tomaré el Astrolabio suspenso en el aire libremente, pondré la alidada de manera que por ambas miras encare derecho a la parte que en lo hondo se le opone, que será la que estuviere frontero donde viene a tocar el agua a la pared. Lo cual hecho, si la alidada estuviere de medio a medio del diámetro, o de la línea media entre la umbra recta y versa, que es todo uno, entonces lo hondo del pozo será igual al diámetro de la latitud del que al principio se midió. Y si cortare la regla algunos puntos en la escala de la umbra recta, que por la mayor parte siempre cae en ella en este género de medir profundidades, porque lo hondo, que representa lo alto de las otras maneras de medir torres y cosas levantadas sobre el plano del Horizonte, de ordinario es mayor que lo ancho del pozo, que en este caso se compara a lo largo de las alturas, notarlas ha el medidor curiosamente, y pues ha de tener medido el espacio del diámetro del bocal, o ancho del pozo, podrá haberse en saber lo hondo en dos maneras. La primera, multiplicando por los pies o palmos que tiene la cantidad del diámetro de la latitud los doce que representan todo el lado de la umbra recta, y partiendo lo que salió de esta multiplicación por los puntos que cortó la alidada. Lo que saliere en la partición será todo lo que tiene el pozo de hondo. La segunda manera de saber esto es más fácil, que es tomando los puntos cortados y partiendo los 12 por ellos, y notando la proporción que hay de los que se cortaron a los 12 puntos, que cual ella fuere tantas serán las veces que comprenderá lo hondo el valor de lo ancho. Lo cual se declara por la figura que se sigue, que sólo el verla servirá de ejemplo. Y para entenderla mejor e ir más señor de lo que se ha dicho advertirá el que mide que si el pozo en lo largo no estuviere a forma de columna, que será necesario reducirlo a ella colgando dos plomos en el uno y otro lado del bocal que cuelguen hasta el agua, los cuales harán todo el camino hasta abajo de figura columnar con que pueda con facilidad entenderse el que mide. Y lo que se ha dicho en la medida de los pozos servirá para todas las demás profundidades que se quisieren medir.

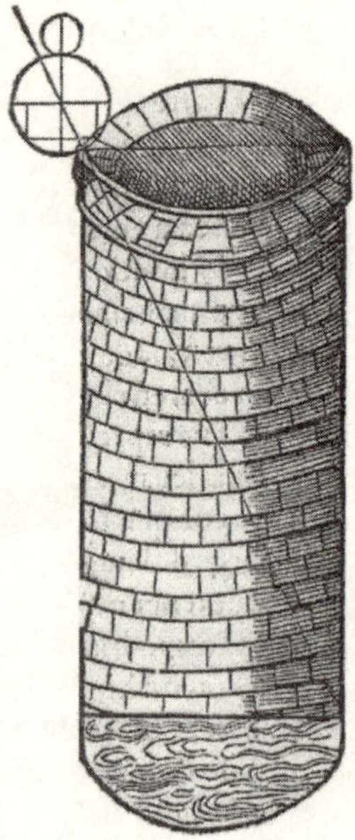

COMENTARIO

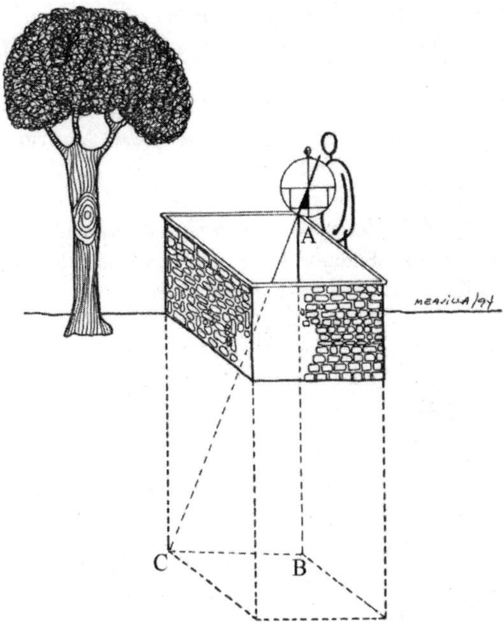

El discurso de Álava y Viamont se comprende fácilmente con la ayuda de la figura adjunta.

AB = altura del pozo.
BC = anchura del pozo.
a = número de divisiones interceptadas por la alidada sobre la *umbra recta.*

El triángulo rectángulo negro y el triángulo rectángulo ABC son semejantes.

Entonces:

$$\frac{12}{a} = \frac{AB}{BC} \Rightarrow AB = \frac{12}{a} \cdot BC$$

Referencias bibliográficas

ÁLAVA Y VIAMONT, D. (1590). *El perfeto capitan, instrvido en la disciplina Militar, y nueua ciencia de la Artilleria.* Madrid: Pedro Madrigal.

MEAVILLA SEGUÍ, V. (1995). *Medir sin esfuerzo.* Madrid: Alhambra Longman.

MEAVILLA SEGUÍ, V. (2005). *La historia de las matemáticas como recurso didáctico.* Badajoz: Federación Española de Sociedades de Profesores de Matemáticas (FESPM).

Capítulo 6

Geometría analítica en el mundo real

1. Las *casas árbol* de Helmond: una investigación geométrica para los alumnos y alumnas de Bachillerato

Introducción

La resolución de problemas tridimensionales con la ayuda de la geometría analítica, ocupa una parte considerable de los contenidos matemáticos del segundo curso de Bachillerato para algunos estudiantes de este nivel educativo. En la mayoría de ocasiones, las cuestiones que se plantean al alumnado están descontextualizadas y parecen ajenas a cualquier situación problemática real (recordemos, a modo de ejemplo, el estudio de las posiciones relativas de rectas, planos, rectas y planos, el cálculo de distancias, áreas y volúmenes, etc.)

En esta sección, tomando como punto de partida una situación extraída del mundo de la arquitectura, ofrecemos a los estudiantes de Educación Secundaria Obligatoria la oportunidad de aplicar sus conocimientos geométricos a la resolución de un problema real.

Figura 1. Casas árbol de Helmond

En la figura 1 se muestran tres casas cúbicas diseñadas por el arquitecto holandés Piet Blom (1934-1999) y construidas en la ciudad neerlandesa de Helmond.

A simple vista lo primero que llama la atención es la disposición de los cubos. ¡Ninguno de ellos se apoya en alguna de sus caras! Por otro lado, la fachada de cada una de las edificaciones hexaédricas no nos permite adivinar cuál es la distribución de los espacios habitables.

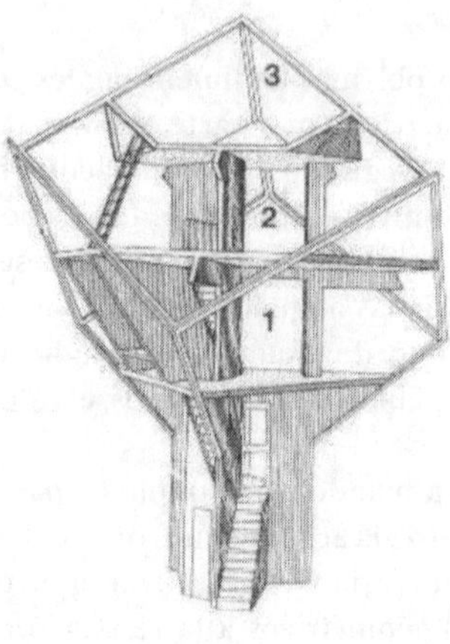

Figura 2. Una casa árbol por dentro

La figura 2, en la que se han suprimido las paredes exteriores, aclara un poco la situación y muestra las tres plantas (1, 2 y 3) de cada una de las viviendas. El suelo de la primera, que corta a las tres aristas del cubo que concurren en el vértice inferior, es obviamente un triángulo (¿de qué tipo?). El de la segunda, que interseca a seis aristas del hexaedro en sus puntos medios, es un hexágono (¿de qué clase?). Por último, el suelo de la tercera planta (la buhardilla) se acopla a las tres aristas que concurren en el vértice superior del cubo y es un polígono de seis lados equilátero y equiángulo (véase la figura 3).

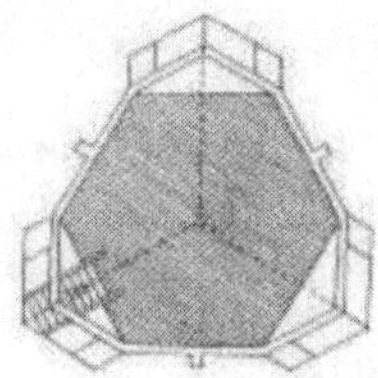

Figura 3. Planta de la buhardilla

Además de los interrogantes anteriores, también se pueden formular las cuestiones siguientes:

¿Cuál es la altura de la primera planta?
¿Cuál es la longitud de la arista del cubo?
¿Cuál es la posición del cubo?

Para responder a las preguntas precedentes, sólo disponemos de tres datos numéricos: (1) el área del suelo de la primera planta es 24 m^2; (2) el área del suelo de la segunda planta es 60 m^2; (3) el área del suelo de la buhardilla es 18 m^2.

La resolución del problema

(a) *El suelo de la segunda planta*

En la fotografía de la figura 4 se muestra un cubo transparente sin tapa en cuyo interior descansa un hexágono negro cuyos vértices

P, Q, U, T, S y R son los puntos medios de seis aristas del poliedro regular al que los pitagóricos y Platón identificaron con la tierra. Ante una prueba física como esta casi nadie pondría en duda que el polígono obtenido al conectar los puntos medios de seis aristas de un cubo tal como se indica en la figura anterior es un hexágono equilátero y equiángulo. Notemos que con esta afirmación se admite que los puntos P, Q, U, T, S y R son coplanarios, que las longitudes de los seis lados del polígono son iguales y que la amplitud de cada uno de los ángulos interiores del hexágono es 120°.

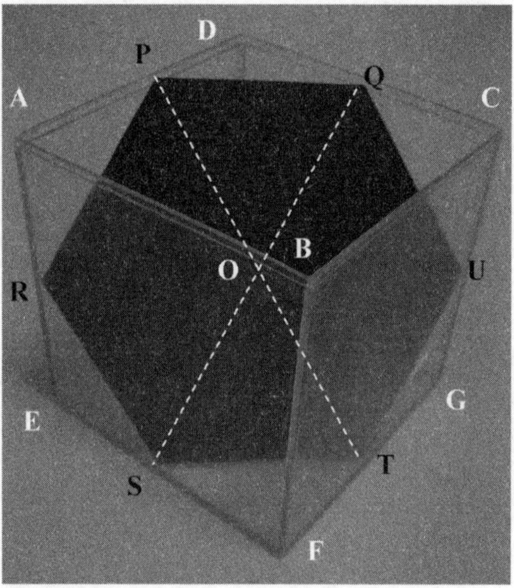

Figura 4. Sección hexagonal de un cubo

Veamos que estas tres suposiciones son ciertas. Para ello haremos uso de la geometría analítica y trabajaremos en un sistema de referencia cuyo origen de coordenadas O es el centro del cubo y cuyos semiejes positivos OX, OY y OZ son perpendiculares a las caras ABFE, BCGF y ABCD, respectivamente.

Con la elección de estos ejes y admitiendo que la longitud de la arista del cubo es a, resulta que:

P $(0, -a/2, a/2)$, Q $(-a/2, 0, a/2)$, U $(-a/2, a/2, 0)$,
T $(0, a/2, -a/2)$, S $(a/2, 0, -a/2)$, R $(a/2, -a/2, 0)$

Observando las coordenadas de cada uno de los seis puntos anteriores notamos que su suma es cero.

En consecuencia P, Q, U, T, S y R pertenecen al plano π cuya ecuación general es $x + y + z = 0$.

Por otro lado,

$$PQ = QU = UT = TS = SR = RP = \sqrt{\left(\frac{a}{2}\right)^2 + \left(\frac{a}{2}\right)^2} = \frac{a\sqrt{2}}{2}$$

Consecuentemente, el polígono PQUTSR es equilátero.

Por último, teniendo en cuenta que $\overrightarrow{QP}$ $(a/2, -a/2, 0)$ y $\overrightarrow{QU}$ $(0, a/2, -a/2)$, resulta que:

$$\cos\alpha = \frac{\overrightarrow{QP}\cdot\overrightarrow{QU}}{|\overrightarrow{QP}||\overrightarrow{QU}|} = \frac{-\frac{a^2}{4}}{\frac{2a^2}{4}} = \frac{1}{2}- \text{ , siendo } \alpha = \text{ang}\,(\overrightarrow{QP}, \overrightarrow{QU}).$$

Por tanto, α = 120°.

Dado que los ángulos interiores del hexágono PQUTSR son iguales, resulta que la amplitud de cada uno de ellos es 120°.

Resumiendo: PQUTSR es un hexágono regular.

Además, dado que el vector característico del plano π es (1, 1, 1) y que las coordenadas del vector $\overrightarrow{OB}$ son $(a/2, a/2, a/2) \approx (1, 1, 1)$ resulta que el suelo de la segunda planta y una diagonal del cubo son perpendiculares.

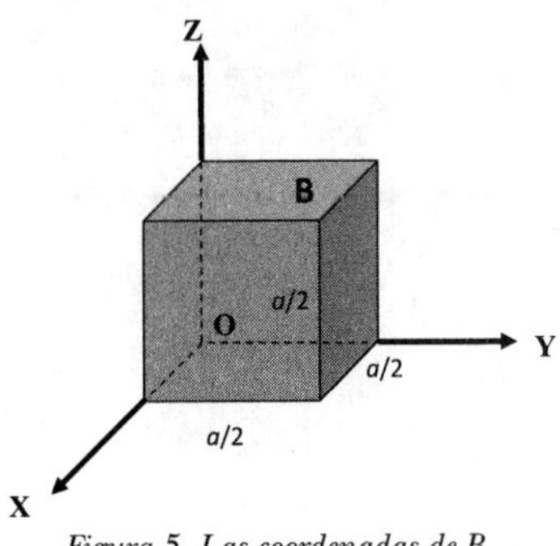

Figura 5. Las coordenadas de B

Dicho en otras palabras: para que el suelo de la segunda planta sea horizontal una de las diagonales del cubo debe tener la dirección de la vertical.

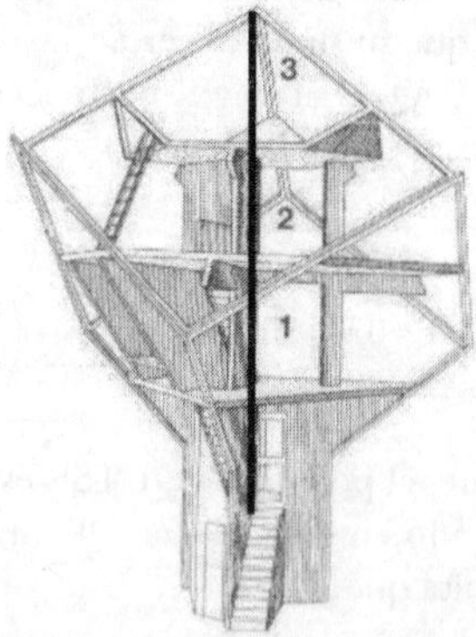

Figura 6. Posición de una casa árbol en el espacio (la diagonal negra tiene la dirección de la vertical)

(b) *Cálculo de la longitud de la arista del cubo*

El pavimento de la segunda planta es un hexágono regular como el PQUTSR de la figura 4. El área de dicho hexágono es igual a seis veces el área del triángulo OPQ.

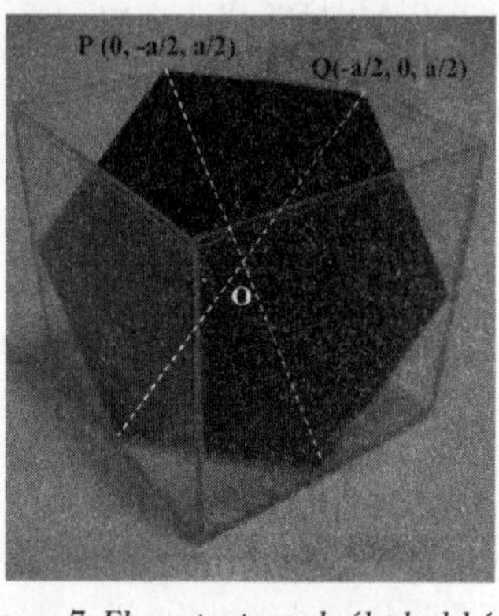

Figura 7. Elementos para el cálculo del área del pavimento de la segunda planta

Dado que el área de OPQ es igual a la mitad del módulo del producto vectorial de los vectores $\overrightarrow{OP}$ y $\overrightarrow{OQ}$, se tiene que:

$$\text{Área}_{OPQ} = \frac{a^2\sqrt{3}}{8} \Rightarrow \text{Área}_{PQUTSR} = 6 \cdot \frac{a^2\sqrt{3}}{8} = \frac{3a^2\sqrt{3}}{4}$$

Recordando que el área de la segunda planta es 60 m^2, podemos escribir:

$$\frac{3a^2\sqrt{3}}{4} = 60 \Rightarrow 3a^2\sqrt{3} = 240 \Rightarrow a = \sqrt{\frac{80\sqrt{3}}{3}} \cong 6{,}8 \text{ m}$$

Con esto, la altura máxima del edificio [= distancia entre los vértices inferior y superior del cubo] es aproximadamente igual a 11,77 metros.

Por otro lado, la longitud de cada uno de los lados del suelo de la segunda planta es aproximadamente igual a 4,8 metros.

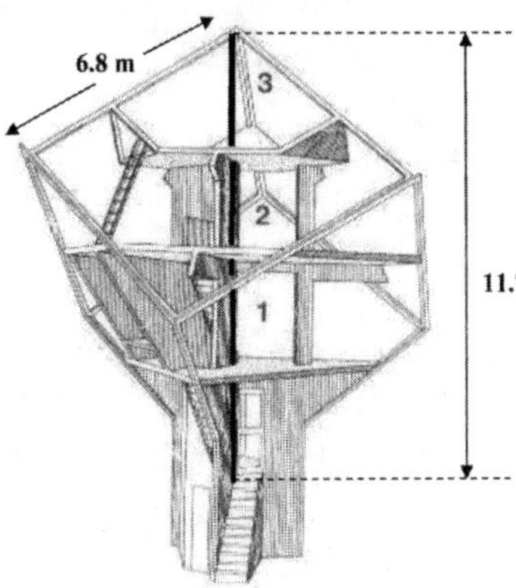

Figura 8. Dimensiones de una casa árbol

(c) *El piso de la primera planta*

Volvamos a la figura 4 y cortemos las aristas BA, BC y BF por un plano π' paralelo al suelo de la segunda planta ($\pi \equiv x + y + z = 0$).

Dado que π' y π son paralelos, entonces la ecuación general de π' será del tipo $x + y + z = \lambda$.

Además, las ecuaciones de las rectas *r*, *s* y *t* que pasan por los puntos A-B, B-C y B-F, vienen dadas por:

$$r \equiv \frac{x-\frac{a}{2}}{0} = \frac{y-\frac{a}{2}}{a} = \frac{z-\frac{a}{2}}{0} \Rightarrow \begin{cases} ax - \frac{a^2}{2} = 0 \\ az - \frac{a^2}{2} = 0 \end{cases} \Rightarrow \begin{cases} x = \frac{a}{2} \\ z = \frac{a}{2} \end{cases}$$

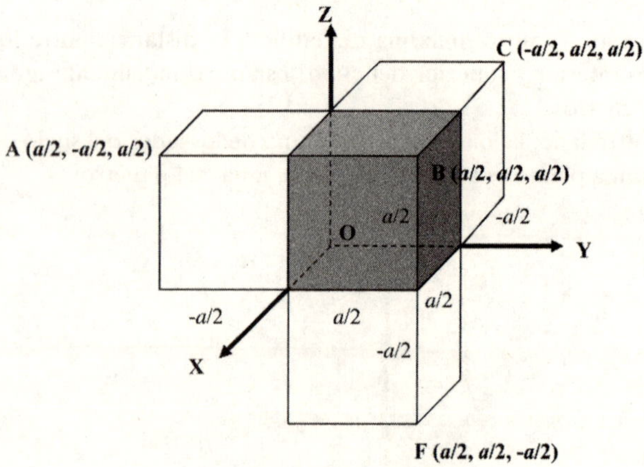

Figura 9. Las coordenadas de A, B, C y F

$$s \equiv \frac{x-\frac{a}{2}}{a} = \frac{y-\frac{a}{2}}{0} = \frac{z-\frac{a}{2}}{0} \Rightarrow \begin{cases} ay - \frac{a^2}{2} = 0 \\ az - \frac{a^2}{2} = 0 \end{cases} \Rightarrow \begin{cases} y = \frac{a}{2} \\ z = \frac{a}{2} \end{cases}$$

$$t \equiv \frac{x-\frac{a}{2}}{0} = \frac{y-\frac{a}{2}}{0} = \frac{z-\frac{a}{2}}{a} \Rightarrow \begin{cases} ax - \frac{a^2}{2} = 0 \\ ay - \frac{a^2}{2} = 0 \end{cases} \Rightarrow \begin{cases} x = \frac{a}{2} \\ y = \frac{a}{2} \end{cases}$$

A partir de aquí resulta inmediato que:

(1) Las coordenadas de los puntos A', C' y F' en los que el plano π' corta a las rectas *r*, *s* y *t* son $(a/2, \lambda - a, a/2)$, $(\lambda - a, a/2, a/2)$ y $(a/2, a/2, \lambda - a)$.[1]

(2) Las longitudes de los lados A'C', C'F' y F'A' son iguales a $|\lambda - \frac{3a}{2}|\sqrt{2}$.

Por tanto, podemos asegurar que el suelo del primer piso es un triángulo equilátero (T).

Teniendo en cuenta que el área del pavimento de la primera planta es de 24 m^2 es fácil descubrir que:

$$\lambda = \frac{3a}{2} - 4\sqrt{\sqrt{3}}$$

Entonces, la longitud de cada lado del T es igual a $4\sqrt{2\sqrt{3}}$ metros ($\cong$ 7,44 m) y la ecuación de π' es:

$$x + y + z = \frac{3a}{2} - 4\sqrt{\sqrt{3}}$$

Además, dado que la distancia entre los planos π y π' coincide con la distancia de O a π', la altura de la primera planta (h_1) viene dada por:

$$h_1 = \frac{\frac{3a}{2} - 4\sqrt{\sqrt{3}}}{\sqrt{3}} \cong 2{,}85 \text{ metros}$$

1 Dado que A´, C´ y F´ deben pertenecer a los segmentos rectilíneos AB, BC y BF, respectivamente, resulta que: $-\frac{a}{2} < \lambda - a < \frac{a}{2} \Leftrightarrow \frac{a}{2} < \lambda < \frac{3a}{2}$

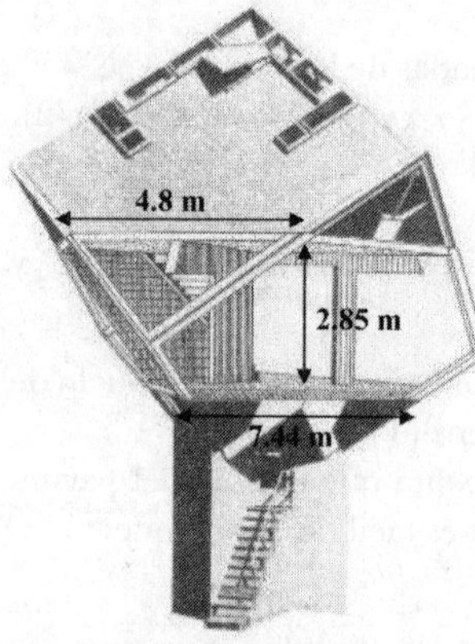

Figura 10. Dimensiones de la primera planta

Epílogo más que breve

En las líneas anteriores hemos presentado un problema geométrico sugerido por la simple contemplación de tres viviendas peculiares que se encuentran en la ciudad holandesa de Helmond.

Con ello sólo hemos pretendido ofrecer una situación problemática (¿motivadora?) que, una vez analizada, organizada y desarrollada, podría convertirse en una unidad didáctica de geometría analítica 3D para alumnos de segundo de Bachillerato.

2. Perfume matemático

Palabras preliminares

En la primera sección de este capítulo hemos propuesto y resuelto un problema geométrico-arquitectónico.

En las líneas que siguen presentamos un material aromático-didáctico, rescatado del mundo del diseño industrial, que permite poner al descubierto algunos contenidos matemáticos escondidos en un envase que encierra un delicado perfume.[2]

El envase

A simple vista, el envase que nos ocupa (véase la fotografía anterior) consta de dos partes: (i) un tapón opaco negro y (ii) un recipiente transparente que contiene el perfume.

En conjunto, el objeto 3D al que nos estamos refiriendo se puede contemplar como la deformación de un prisma recto de bases cuadradas cuando una de ellas gira en torno a su centro un ángulo de 90°.

2 El material propuesto se puede desarrollar con alumnos de 2° de Bachillerato o con estudiantes de los primeros cursos de Bellas Artes.

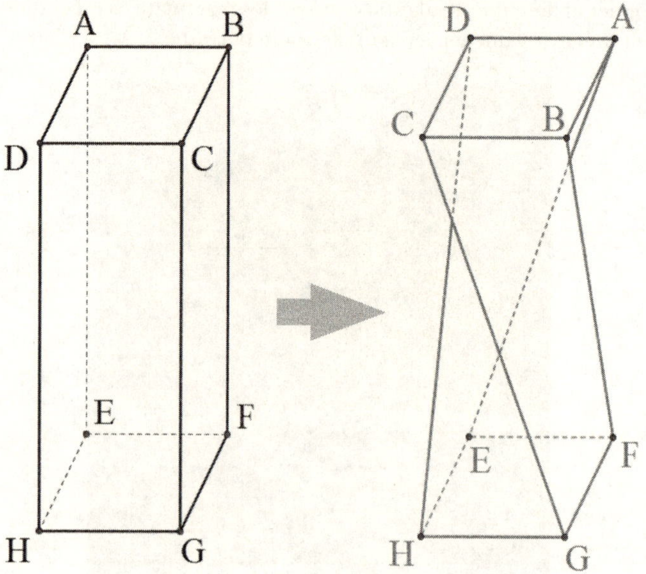

Con esto, las aristas AE, BF, CG y DH del sólido obtenido a partir del prisma son diagonales de las caras laterales de éste.

Por otro lado, las *caras* del nuevo cuerpo geométrico, al que llamaremos *prisma retorcido,* son superficies que no están contenidas en un plano. Los matemáticos llaman *superficies alabeadas* a tales superficies.

Además, el centro del prisma retorcido coincide con el centro del prisma recto del que proviene.

La conjetura

Si separamos el tapón del recipiente transparente, observamos que cada uno de los dos componentes del envase contiene un cuadrado PQRS cuyo lado es menor que la longitud de los lados de las bases ABCD y EFGH del prisma retorcido.

Este hecho nos anima a conjeturar la proposición siguiente:

Si se corta el prisma retorcido por un plano paralelo a sus bases se obtiene un cuadrado.

La demostración

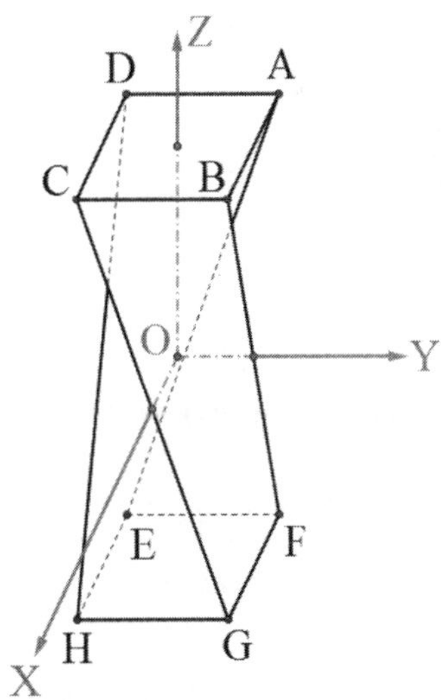

Para verificar la conjetura anterior nos serviremos de la geometría analítica 3D y haremos uso de un sistema de referencia ortogonal cuyo origen de coordenadas es el centro O del prisma retorcido y cuyos semiejes positivos OX, OY, OZ son perpendiculares, respectivamente, a las caras DCGH, BCGF y ABCD del prisma recto de base cuadrada que da origen al prisma retorcido que nos ocupa.

Admitiendo que la altura del prisma retorcido es **2*h*** y que la longitud de los lados de sus dos bases cuadradas es **2*a***, las coordenadas de sus vértices se detallan en el diagrama adjunto.

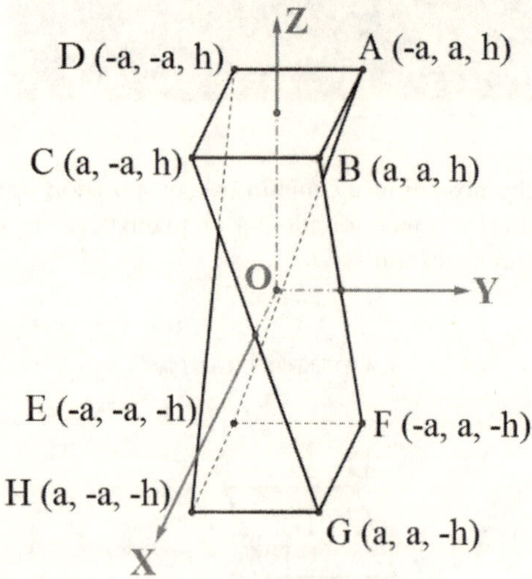

Con esto, las ecuaciones de las aristas laterales del prisma retorcido son:

$$r_{AE} \equiv \frac{x+a}{0} = \frac{y-a}{a} = \frac{z-h}{h},$$

$$r_{BF} \equiv \frac{x-a}{a} = \frac{y-a}{0} = \frac{z-h}{h},$$

$$r_{CG} \equiv \frac{x-a}{0} = \frac{y+a}{a} = \frac{z-h}{-h},$$

$$r_{DH} \equiv \frac{x+a}{a} = \frac{y+a}{0} = \frac{z-h}{-h}$$

Cortando las cuatro aristas por un plano $\pi \equiv z = \lambda$ $[-h \leq \lambda \leq h]$, paralelo a las bases del prisma retorcido, se obtiene:

$$r_{AE} \cap \pi \equiv K(-a, \frac{a\lambda}{h}, \lambda)$$

$$r_{BF} \cap \pi \equiv L(\frac{a\lambda}{h}, a, \lambda)$$

$$r_{CG} \cap \pi \equiv M(a, -\frac{a\lambda}{h}, \lambda)$$

$$r_{DH} \cap \pi \equiv N(-\frac{a\lambda}{h}, -a, \lambda)$$

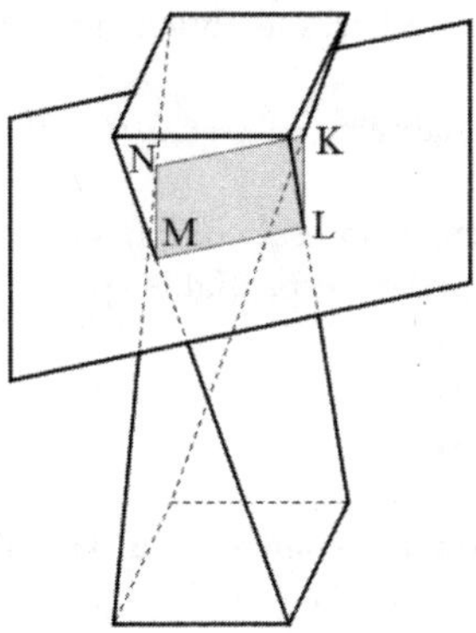

De donde, efectuando los cálculos oportunos, resulta que:

$$d(K,L) = d(L,M) = d(M,N) = d(N,K) = \frac{a}{h}\sqrt{2(\lambda^2 + h^2)}$$

En consecuencia, KLMN es un rombo.

Para comprobar que KLMN es un cuadrado basta con verificar, por ejemplo, que KL y LM son perpendiculares.

En efecto.

Fácilmente se obtiene que:

$$\overrightarrow{KL} = (-\lambda - h, \lambda - h, 0)$$

$$\overrightarrow{LM} = (\lambda - h, \lambda + h, 0)$$

Entonces:

$$\overrightarrow{KL} \cdot \overrightarrow{LM} = (-\lambda - h)(\lambda - h) + (\lambda - h)(\lambda + h) = (\lambda - h)(-\lambda - h + \lambda + h) = 0$$

Por consiguiente, KL y LM son perpendiculares y KLMN es un cuadrado.

Dos resultados matemáticamente interesantes

Acabamos de demostrar que si se corta un prisma retorcido por un plano paralelo a sus bases se obtiene un cuadrado.

Dicho en otras palabras:

(i) Un prisma retorcido está compuesto por infinitas láminas cuadradas de espesor despreciable, paralelas a las bases del prisma.

En otros términos:

(ii) Cada una de las cuatro caras laterales de un prisma retorcido es una superficie generada por una recta que se desplaza sobre dos aristas laterales consecutivas y es paralela a las bases cuadradas. Los matemáticos llaman *superficies regladas* a esta categoría de superficies.

El problema

El resultado (i) del apartado anterior nos anima a proponer un problema dirigido a alumnos de Bachillerato y a estudiantes de los primeros cursos de Bellas Artes: la construcción de una escultura [= *PERFUME MATEMÁTICO*] inspirada en el envase al que hemos dedicado las secciones anteriores.

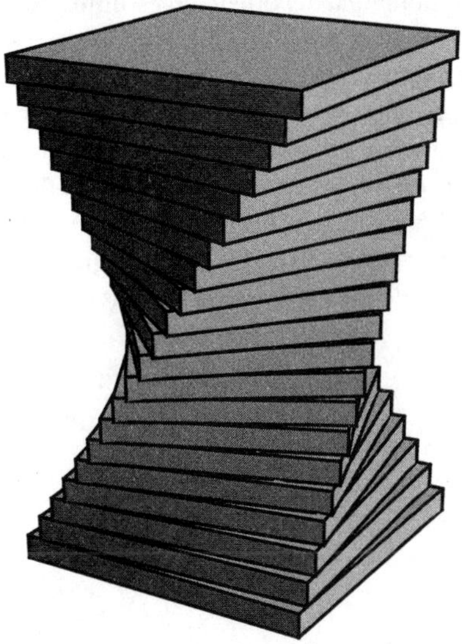

PERFUME MATEMÁTICO. Cortesía de Juan L. Monterde (Universidad de Valencia)

A lo largo del proceso se presentarán, sin duda alguna, problemas prácticos que no son difíciles de resolver si se tienen en cuenta los contenidos teóricos que hemos expuesto en las líneas precedentes.

Epílogo breve

En esta sección que está a punto de concluir, hemos analizado un objeto real [= envase de perfume] desde una óptica matemática. En dicho análisis hemos utilizado algunos tópicos elementales de geometría analítica 3D (sistema de referencia, coordenadas de un punto, ecuaciones de la recta y el plano, intersección de rectas y planos, producto escalar de dos vectores...) que están al alcance de un buen número de estudiantes de Bachillerato. Con la ayuda de este instrumental teórico hemos puesto al descubierto la estructura matemática del objeto en estudio y hemos aislado los elementos básicos para crear objetos artísticos.

En pocas palabras, las Matemáticas sirven para interpretar el mundo real y pueden servir de inspiración a los artistas.

Desde aquí animamos a nuestros colegas, los profesores de Matemáticas, a que incluyan entre sus actividades de enseñanza y aprendizaje algunas tareas similares a las que hemos propuesto en las líneas precedentes. De este modo lograremos convencer a nuestros alumnos de la presencia de las Matemáticas en el mundo real.

Referencias on line

Casas cúbicas.
http://www.fotosdearquitectura.fotopic.net/frame_collection_side.php?id=455999

Cubic houses (kubuswoningen), Rotterdam (Piet Blom, 1984).
http://www.galinsky.com/buildings/cubichouses/

Paalwoningen.
http://helmond.nederlandonline.net/album.asp?alb=Paalwoningen

Paalwoningen in Helmond.
http://blogger.xs4all.nl/osdorp/gallery/7311.aspx

Capítulo 7

Dos soluciones inteligentes a un problema clásico de la matemática griega

Cuenta la leyenda que, estando los atenienses (allá por el año 430 antes de Cristo) azotados por la peste, acudieron al Oráculo de Delfos con el ánimo de encontrar remedio a tamaña calamidad.

El dios Apolo les indicó que, a tal efecto, deberían construir un altar doble del que le estaba dedicado (advirtamos que la forma de dicho altar era cúbica).

Aparentemente dicha petición no ofrecía dificultad alguna. Sin embargo, y teniendo presente que en la mayoría de las escuelas de geómetras griegos tan sólo se utilizaban dos instrumentos: la regla y el compás, todos los intentos para determinar la arista del cubo de volumen doble que el de uno dado (problema de la duplicación del cubo) resultaron infructuosos.

Hicieron falta muchos siglos para que se demostrase la imposibilidad de resolver el problema con el uso exclusivo de estos medios.

A lo largo de este capítulo presentamos dos métodos, sometidos a menos restricciones, que conducen a una respuesta satisfactoria a la recomendación que, en su día, hizo Apolo a los atemorizados atenienses.

1. Procedimiento de Diocles

Diocles (ca. 240 a. C.-ca. 180 a. C.) resolvió el problema de la duplicación del cubo valiéndose de una curva conocida como *cisoide* de Diocles.

Veamos cómo se define la cisoide.

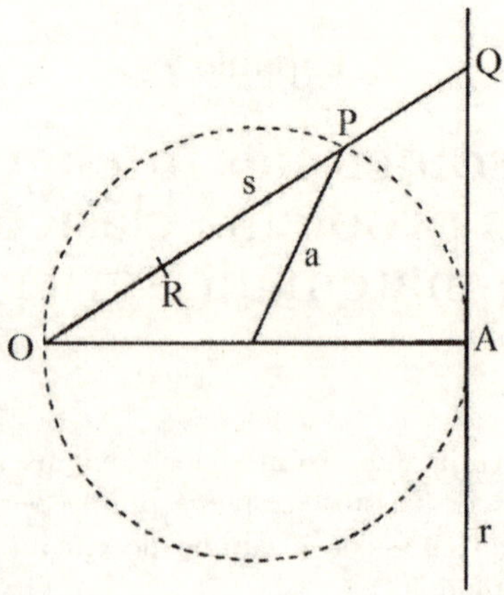

En una circunferencia de radio a (véase la figura anterior), sea OA uno de sus diámetros. Sea r la tangente a dicha curva por el punto A y s una secante cualquiera que pasa por O.

Pues bien, el punto R (situado sobre s) tal que su distancia a O es igual a la distancia entre P y Q pertenece a la cisoide.

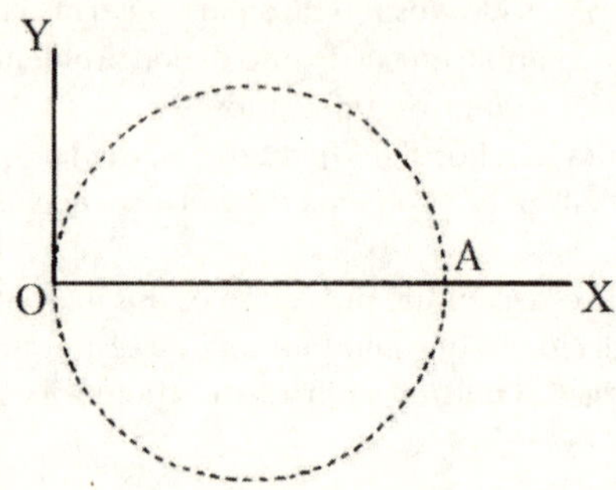

Para determinar la ecuación de la cisoide de Diocles elegimos como eje OX la semirrecta de origen O que contiene el punto A y como eje OY la perpendicular trazada por O a dicha semirrecta.

Con este sistema de referencia resulta inmediato que las ecuaciones de la circunferencia, de la tangente r y de una secante arbitraria s que pase por O son, respectivamente:

$$x^2 + y^2 - 2ax = 0$$
$$x = 2a$$
$$y = mx$$

Además, las coordenadas de Q (punto de intersección de r y s) son (2a, 2am).

Por otro lado, las coordenadas de P (punto común a la circunferencia y a la secante) verifican el siguiente sistema de dos ecuaciones con dos incógnitas:

$$\begin{cases} x^2 + y^2 - 2ax = 0 \\ y = mx \end{cases}$$

De aquí se obtiene que:

$$P\left(\frac{2a}{1+m^2}, \frac{2am}{1+m^2}\right)$$

$$\begin{cases} x^2 + y^2 - 2ax = 0 \\ y = mx \Rightarrow y^2 = m^2x^2 \end{cases} \Rightarrow x^2 + m^2x^2 - 2ax = 0 \Rightarrow x(x + m^2x - 2a) = 0 \Rightarrow$$

$$\begin{cases} x = 0 \\ x = \dfrac{2a}{1+m^2} \Rightarrow y = mx = m \cdot \dfrac{2a}{1+m^2} = \dfrac{2am}{1+m^2} \end{cases}$$

Como la distancia entre P y Q vienen dada por la expresión:

$$d(P,Q) = \sqrt{\left(2a - \frac{2a}{1+m^2}\right)^2 + \left(2am - \frac{2am}{1+m^2}\right)^2} = \sqrt{\frac{4a^2m^4}{1+m^2}},$$

es evidente que el punto R de la cisoide se encontrará simultáneamente en la circunferencia de centro O y radio d(P, Q) y en la secante s.

Resolviendo el sistema:

$$\begin{cases} x^2 + y^2 = \dfrac{4a^2m^4}{1+m^2} \\ y = mx \end{cases}$$

y teniendo en cuenta la elección de los ejes coordenados se obtiene que:

$$R\left(\frac{2am^2}{1+m^2}, \frac{2am^3}{1+m^2}\right)$$

$$\begin{cases} x^2 + y^2 = \dfrac{4a^2m^4}{1+m^2} \\ y = mx \Rightarrow y^2 = m^2x^2 \end{cases} \Rightarrow x^2 + m^2x^2 = \frac{4a^2m^4}{1+m^2} \Rightarrow x^2(1+m^2) = \frac{4a^2m^4}{1+m^2} \Rightarrow$$

$$\Rightarrow x^2 = \frac{4a^2m^4}{(1+m^2)^2} \Rightarrow x = \frac{2am^2}{1+m^2} \Rightarrow y = m \cdot \frac{2am^2}{1+m^2} = \frac{2am^3}{1+m^2}$$

En consecuencia, las ecuaciones paramétricas de la cisoide son:

$$\begin{cases} x = \dfrac{2am^2}{1+m^2} \\ \\ y = \dfrac{2am^3}{1+m^2} \end{cases}$$

Eliminando m entre estas dos igualdades obtenemos la ecuación de la cisoide:

$$\mathbf{x^3 = y^2\,(2a - x)}$$

$$\begin{cases} x = \dfrac{2am^2}{1+m^2} \\ \\ y = \dfrac{2am^3}{1+m^2} \end{cases} \Rightarrow \begin{cases} x(1+m^2) = 2am^2 \Rightarrow x = m^2(2a-x) \Rightarrow m^2 = \dfrac{x}{2a-x} & [\alpha] \\ \\ y = \dfrac{2am^3}{1+m^2} & [\beta] \end{cases}$$

Sustituyendo [α] en [β] resulta:

$$y = \frac{2a \cdot \dfrac{x}{2a-x}\sqrt{\dfrac{x}{2a-x}}}{1+\dfrac{x}{2a-x}} = \frac{\dfrac{2ax}{2a-x}\sqrt{\dfrac{x}{2a-x}}}{\dfrac{2a-x+x}{2a-x}} = \frac{\dfrac{2ax}{2a-x}\sqrt{\dfrac{x}{2a-x}}}{\dfrac{2a}{2a-x}} =$$

$$= x\sqrt{\frac{x}{2a-x}} \Rightarrow y^2 = x^2\,\frac{x}{2a-x} \Rightarrow y^2 = \frac{x^3}{2a-x} \Rightarrow x^3 = y^2(2a-x)$$

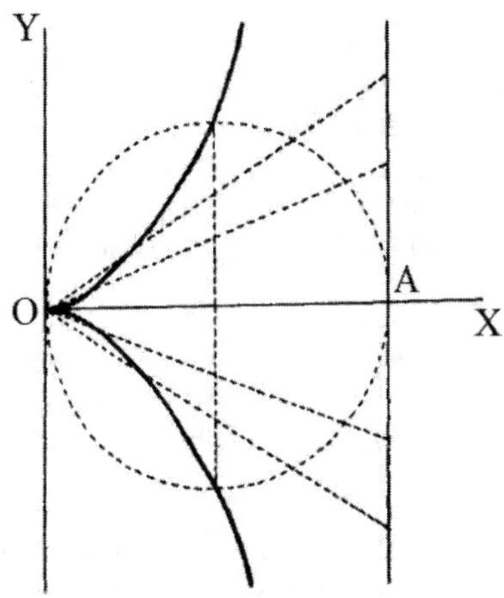

Gráfica de la cisoide de Diocles

Llegados a este punto ya estamos en condiciones de atacar el problema de la duplicación del cubo.

Admitamos que la longitud de la arista del cubo dado es 1.

Entonces, la ecuación de la cisoide (relativa a la circunferencia de diámetro 1) es:

$$x^3 = y^2(1 - x) \qquad [1]$$

Observemos que las rectas:

$$y = mx \qquad [2]$$
$$y = m^3(1 - x) \qquad [3],$$

donde m es un número real cualquiera, se cortan en un punto de la curva [1].

En efecto.

Eliminando m entre [2] y [3], resulta:

$$y = \frac{y^3}{x^3}(1 - x) \Rightarrow x^3 = y^2(1 - x)$$

Dicho en otras palabras:

El lugar geométrico de los puntos de intersección de las rectas [2] y [3] es la cisoide de Diocles.

Con esto, haciendo $m^3 = 2$ [en cuyo caso [3] toma la forma $y = 2(1 - x)$], es obvio que la recta que pase por O y R [= punto común a la cisoide y a $y = 2(1 - x)$] tendrá por ecuación $y = \sqrt[3]{2} \cdot x$.

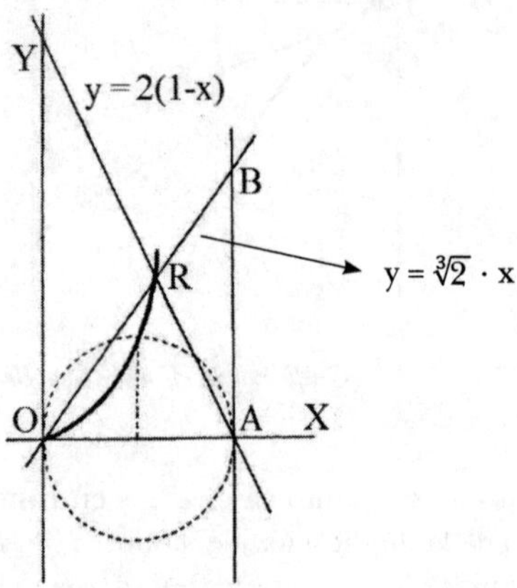

En esta situación (ver la figura anterior) resulta que B $(1, \sqrt[3]{2})$.

En consecuencia:

$$AB = \sqrt[3]{2}$$

Hemos determinado, pues, la arista del cubo doble del cubo dado.

2. El método de Arquitas

Arquitas de Tarento (s. IV a. C.) dio una bellísima solución al problema de la duplicación del cubo utilizando tres superficies de revolución: un cono recto, un cilindro recto y un toro.

Sirviéndonos de la geometría analítica (desconocida por los antiguos griegos) la resolución de Arquitas se puede describir del modo siguiente.

Sea a la arista del cubo que se desea duplicar y A $(a, 0, 0)$.

Con centro en A y radio a describamos las circunferencias de los círculos C_1 (situado en el plano OXZ), C_2 (contenido en el plano OXY) y C_3 (situado en un plano paralelo al OYZ).

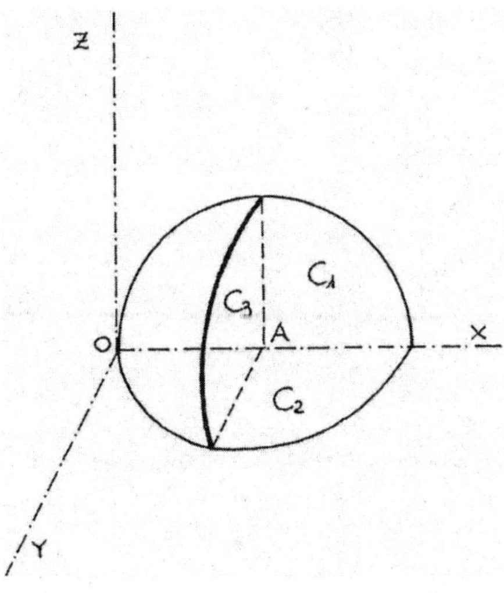

Acto seguido, consideremos las siguientes superficies de revolución:

- Cono recto de vértice O y directriz la circunferencia del círculo C_3.
- Cilindro recto de directriz la circunferencia del círculo C_2.
- Toro engendrado por la revolución de la circunferencia del círculo C_1 alrededor del eje OZ.

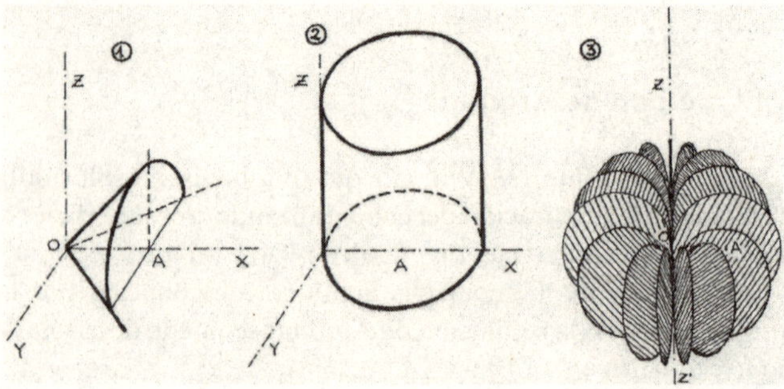

Las ecuaciones de dichas superficies de revolución son:

CONO: $x^2 = y^2 + z^2$

CILINDRO: $x^2 + y^2 = 2ax$

TORO: $(x^2 + y^2 + z^2)^2 = 4a^2(x^2 + y^2)$

ECUACIÓN DEL CONO

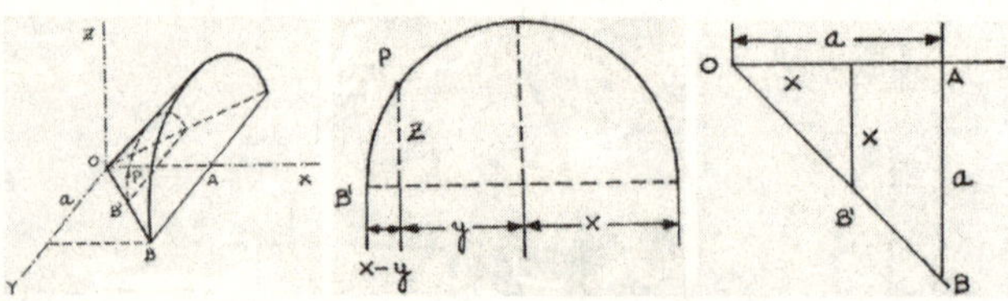

Atendiendo a los diagramas anteriores y teniendo en cuenta el teorema de la altura relativa a la hipotenusa, resulta que:

$$z^2 = (x - y)(x + y) = x^2 - y^2 \Rightarrow \mathbf{x^2 = y^2 + z^2}$$

ECUACIÓN DEL CILINDRO

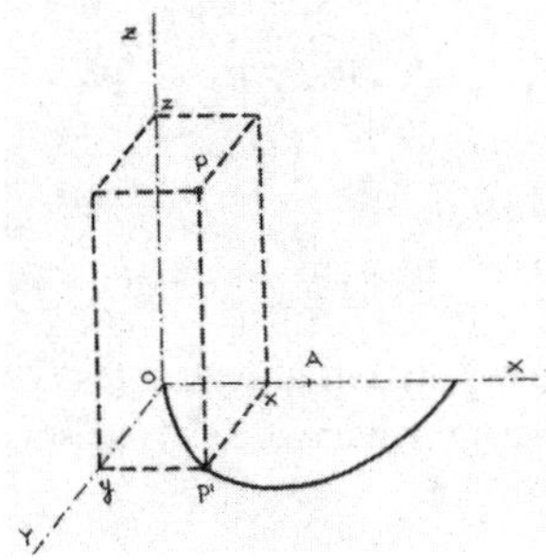

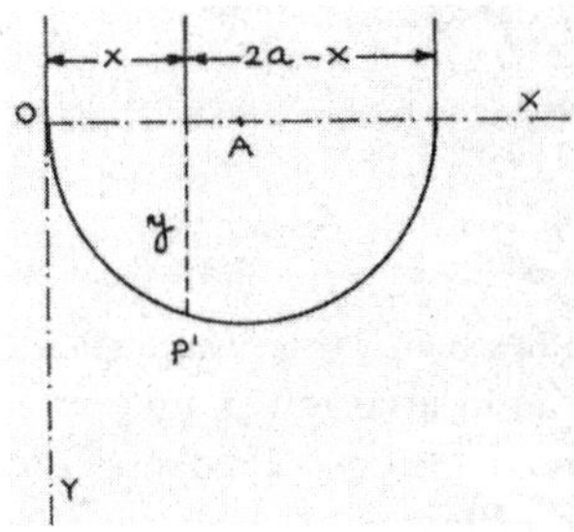

Teniendo en cuenta las figuras precedentes y el teorema de la altura relativa a la hipotenusa, se obtiene:

$$y^2 = x(2a - x) = 2ax - x^2 \Rightarrow \mathbf{x^2 + y^2 = 2ax}$$

ECUACIÓN DEL TORO

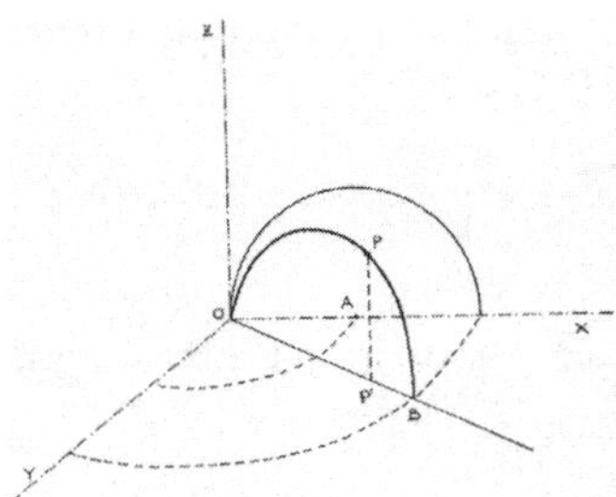

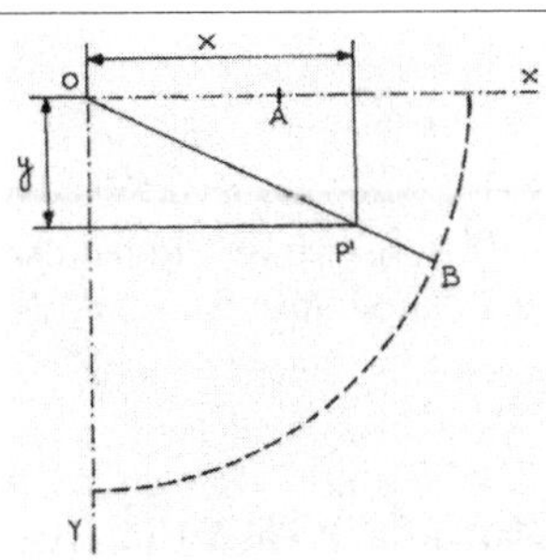

A partir de la información contenida en la figura de la izquierda, resulta que:

$$OP' = \sqrt{x^2 + y^2}$$

$$P'B = 2a - \sqrt{x^2 + y^2}$$

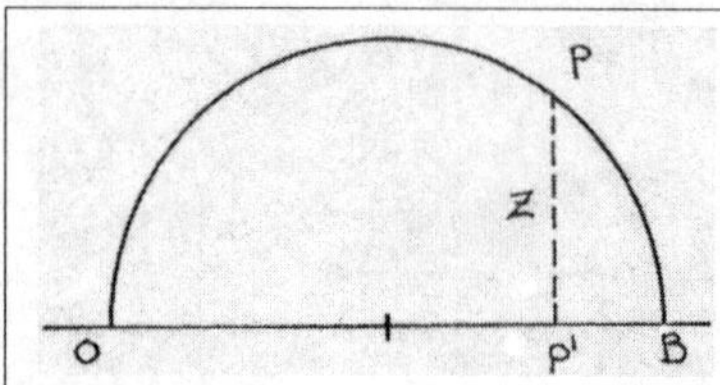

En virtud del teorema de la altura relativa a la hipotenusa se puede escribir:

$$z^2 = OP' \cdot P'B = (\sqrt{x^2 + y^2}\,) \cdot (2a - \sqrt{x^2 + y^2}\,) \Rightarrow$$
$$z^2 = 2a\sqrt{x^2 + y^2} - (x^2 + y^2) \Rightarrow$$
$$x^2 + y^2 + z^2 = 2a\sqrt{x^2 + y^2} \Rightarrow$$
$$(x^2 + y^2 + z^2)^2 = 4a^2(x^2 + y^2)$$

Pues bien, las tres superficies de revolución que estamos considerando se cortan en un punto cuya coordenada x es la arista del cubo doble del cubo dado.

En efecto.

Sea el sistema formado por las ecuaciones del cono, cilindro y cono.

$$\begin{cases} x^2 = y^2 + z^2 \\ x^2 + y^2 = 2ax \\ (x^2 + y^2 + z^2)^2 = 4a^2(x^2 + y^2) \end{cases}$$

Sustituyendo $y^2 + z^2$ del primer miembro de la tercera ecuación por x^2 y $x^2 + y^2$ del segundo miembro de la tercera ecuación por $2ax$, resulta:

$$(x^2 + x^2)^2 = 4a^2(2ax) \Rightarrow (2x^2)^2 = 8a^3x \Rightarrow 4x^4 = 8a^3x \Rightarrow x^3 = 2a^3 \Rightarrow \mathrm{x} = a\sqrt[3]{2}$$

Por tanto, $x = a\sqrt[3]{2}$ es la arista del cubo doble del de arista *a*.

Referencias bibliográficas

MEAVILLA SEGUÍ, V. (1981). «Dos soluciones ingeniosas al problema de la duplicación del cubo». *Revista de Bachillerato,* nº 20, pp. 61-64.

MEAVILLA, V. y CANTERAS. J. A. (1991). *Viaje gráfico por el mundo de las matemáticas III.* Zaragoza: Prensas Universitarias de Zaragoza.

Capítulo 8

Matemática recreativa valenciana

Gerónimo Cortés, científico valenciano que murió en la capital del Turia en 1615, publicó en 1604 su *Arithmetica practica (...)* estructurada en cuatro libros.

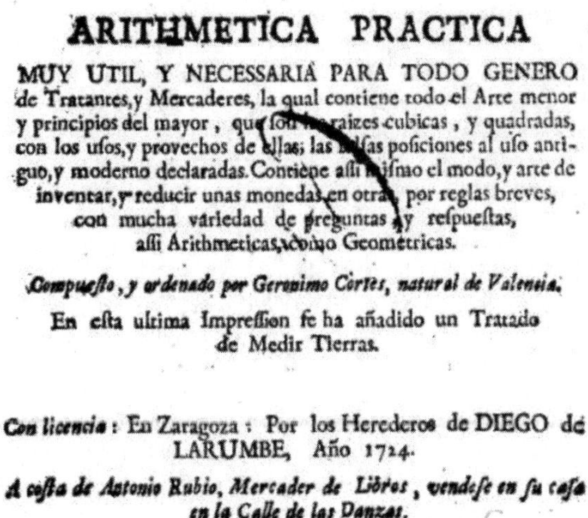

ARITHMETICA PRACTICA

MUY UTIL, Y NECESSARIA PARA TODO GENERO de Tratantes, y Mercaderes, la qual contiene todo el Arte menor y principios del mayor, que ſon las raizes cubicas, y quadradas, con los uſos, y provechos de ellas; las falſas poſiciones al uſo antiguo, y moderno declaradas. Contiene aſſi miſmo el modo, y arte de inventar, y reducir unas monedas en otras, por reglas breves, con mucha variedad de preguntas, y reſpueſtas, aſſi Arithmeticas, como Geometricas.

Compueſto, y ordenado por Geronimo Cortes, natural de Valencia.

En eſta ultima Impreſſion ſe ha añadido un Tratado de Medir Tierras.

Con licencia: En Zaragoza: Por los Herederos de DIEGO de LARUMBE, Año 1724.

A coſta de Antonio Rubio, Mercader de Libros, vendeſe en ſu caſa en la Calle de las Danzas.

Portada de la Arithmetica practica *de Gerónimo Cortés (edición de 1724)*

El capítulo VIII (*De algunas preguntas, y juegos Mathematicos, por via de cuenta que haze el Discipulo al Maestro*) del cuarto libro contiene una colección de recreaciones clásicas que, sin duda alguna, pueden despertar el interés de un público que no se suele emocionar con las matemáticas.

En las secciones siguientes presentamos las versiones originales de dichos juegos, sus adaptaciones al castellano moderno y los comentarios necesarios para justificar su validez.

1. Adivinar el número que otro ha pensado

D. SEñor Maeſtro, dizen que ſe pueden ſaber por cuenta los dineros, ò reales que otro tiene en ſu bolſa, ò penſamiento. Y para que yo lo vea, y lo crea, quiero penſar un numero de reales, y aſſi pregunto à v. m. quantos he penſado.

M. Digo que es verdad, que ſe puede ſaber, y para que lo creas, junta à eſſe numero que has penſado ſu metad, y ſi huviere alguna metad, tomala por entero, y añadela tambien. D. Yà lo tengo hecho. M. Pues à eſſe numero que tienes hecho añadele ſegunda vez ſu metad, y ſi huviere alguna metad, juntala como ſi fueſſe entero. D. Aſſi lo he hecho. M Aora dime en eſſe numero que tienes quantos nueves ay. D. Digo que no ay ſino un nueve. M. Pues yo te digo que penſaſte 7. reales, ſi quieres dezir la verdad. D. No lo niego, antes digo que tomè tantos como 7. en mi penſamiento; pero tambien confieſſo otra verdad, que no he entendido palabra, digo para ſaberlo yo. M. La regla es, que hagas añadir al numero que ſe ha penſado ſu metad, como has viſto; y ſi añadiendo la metad huviere algun medio, tomaràs, y guardaràs uno en tu penſamiento, y ſino huviere metad alguna, no tienes que guardar nada en tu memoria; y otra vez haràs añadir al numero que ſe guarda en la memoria ſu metad, y ſi por ſuerte ſe partiere la unidad, quiero dezir, ſi huviere alguna metad, guardaràs 2. en tu memoria, y ſino huviere alguna metad, no tienes que guardar. Aora pediràs, ſi en todo el numero que uno tiene penſado, con lo añadido, ay algun nueve, ò nueves, y por cada nueve que huviere tomaras 4. y añadiràs los que guardavas en tu memoria, ſi huvo ocaſion de guardar, con los que vale cada nueve, y tantos pensò en ſu penſamiento ſin faltar un punto, ò tantos dineros, ò reales tania en la bolſa.

El procedimiento adivinatorio anterior, descrito en el diálogo entre discípulo (D) y maestro (M), se puede adaptar como sigue:

PROCEDIMIENTO	EJEMPLO: El número pensado es 135
Para adivinar el número que otro ha pensado puedes proceder así: **[1]** Dile que al número que ha pensado le sume su mitad.	$135 + \frac{135}{2} = 135 + 67 + \frac{1}{2} = 202 + \frac{1}{2}$
[2] Pregúntale si el resultado de la suma anterior es fraccionario o no. En caso afirmativo, debe sumar 1/ 2 al resultado obtenido en [1] y tú debes memorizar el número 1.	El resultado obtenido es fraccionario, por tanto le debe sumar 1/ 2 (el adivino memoriza en número 1). $\left(202 + \frac{1}{2}\right) + \frac{1}{2} = 203$
[3] Dile que al número natural obtenido en [1] o en [2] le sume su mitad.	$203 + \frac{203}{2} = 203 + 101 + \frac{1}{2} = 304 + \frac{1}{2}$
[4] Pregúntale si el resultado de la suma anterior es fraccionario o no. En caso afirmativo, debe sumar 1/ 2 al resultado obtenido en [3] y tú debes memorizar el número 2.	El resultado obtenido es fraccionario, por tanto se le debe sumar 1/ 2 (el adivino memoriza el número 2). $\left(304 + \frac{1}{2}\right) + \frac{1}{2} = 305$
[5] Dile que te diga cuántos nueves hay en el número natural obtenido en [3] o en [4].	$305 = 9 \cdot 33 + 8$ Es decir: 305 tiene treinta y tres nueves.
[6] Multiplica el número de nueves por 4. Si el resultado obtenido en los apartados [1] y [3] no es fraccionario, el producto anterior es el número que querías adivinar. Si el resultado obtenido en [1] es fraccionario y el obtenido en [3] es natural, para adivinar el número debes sumar 1 al producto anterior. Si el resultado obtenido en [1] es natural y el obtenido en [3] es fraccionario, para adivinar el número debes sumar 2 al producto anterior. Si los resultados obtenidos en [1] y [3] son fraccionarios, para adivinar el número debes sumar 3 al producto anterior.	Con esto, el número pensado es: $33 \cdot 4 + 1 + 2 = 132 + 3 = 135$

JUSTIFICACIÓN

Sea x el número pensado. Dado que se pueden presentar las cuatro situaciones siguientes:

$$x = 4p \; ; \; x = 4p + 1 \; ; \; x = 4p + 2 \; , \; x = 4p + 3 \; ,$$

la adivinación se puede justificar como sigue.

Primer caso: $x = 4p$

- $x + \frac{x}{2} = 4p + 2p = 6p$
- $6p + \frac{6p}{2} = 6p + 3p = 9p$
- $9p$ contiene p nueves.
- El número pensado es $4p$.

Segundo caso: $x = 4p + 1$

- $x + \frac{x}{2} = 4p + 1 + \frac{4p + 1}{2} = 6p + 1 + \frac{1}{2}$
- $[6p + 1 + \frac{1}{2}] + \frac{1}{2} = 6p + 2$
- $6p + 2 + \frac{6p + 2}{2} = 9p + 3$
- $9p + 3$ contiene p nueves.
- $4p$
- El número pensado es $4p + 1$.

Tercer caso: $x = 4p + 2$

- $x + \frac{x}{2} = 4p + 2 + \frac{4p + 2}{2} = 6p + 3$
- $6p + 3 + \frac{6p + 3}{2} = 9p + 4 + \frac{1}{2}$
- $[9p + 4 + \frac{1}{2}] + \frac{1}{2} = 9p + 5$

- 9p + 5 contiene p nueves.
- 4p
- El número pensado es 4p + 2.

Cuarto caso: x = 4p + 3

- $x + \frac{x}{2} = 4p + 3 + \frac{4p + 3}{2} = 6p + 4 + \frac{1}{2}$
- $[6p + 4 + \frac{1}{2}] + \frac{1}{2} = 6p + 5$
- $6p + 5 + \frac{6p + 5}{2} = 9p + 7 + \frac{1}{2}$
- $[9p + 7 + \frac{1}{2}] + \frac{1}{2} = 9p + 8$
- 9p + 8 contiene p nueves.
- 4p
- El número pensado es 4p + 3.

2. Otra forma de adivinar el número que uno ha pensado

D. Señor Maeſtro bien me contenta el precedente modo de adivinar, y acertar el numero que uno tiene en ſu penſamiento, ſino tuviera tantas preguntas y reſpueſtas; pero ſi es poſſible denos otro modo de menos preguntas, y mas llano.

M. Digo que me plaze, y pienſa el numero que quiſieres. D. Yà lo he penſado. M. pues dobla eſſe numero que has penſado, y añadele 8. por mi. D. Yà los he doblado, y he añadido 8. por v.m. M. Aora de todo eſſe numero echa la metad à fuera. D. Yà los tengo echados. M. Pues de aqueſſos que te quedan en la memoria quita los que al principio penſaſte. D. Tambien los tengo quitados; pero no ſobrà los que me quedan. M. Si harè, y ſi quieres dezir la verdad no te quedan mas, ni menos de 4. D. Digo que es aſſi la verdad, porque yo al principio tomè 6. en mi memoria, cuyo doblo es 12. y 8. que me mandò añadir ſon 20. de los quales echando à fuera la metad me quedaron 10. y de eſtos quitando los 6. que tomè al principio me quedaron los 4. que v. m. ha dicho, y acertado; pero confiesso que no se como acertallo, y adivinallo yo. M. Advierte, que aunque tomaras grande numero en tu pensamiento al principio, ò le tomaras pequeño, siempre te quedara en la memoria la metad del numero que yo te dixera que tomaras por mi; y pues porque aora en este exemplo yo te dixe que tomasses 8 por mi, por fuerça te avian de quedar 4. en tu memoria, siguiendo el orden declarado.

El procedimiento propuesto por Cortés no permite adivinar el número que otro ha pensado; sin embargo, modificando la última instrucción, se puede conseguir dicho objetivo.

ADAPTACIÓN

Para adivinar el número que otro ha pensado, invítale a que efectúe las operaciones siguientes:

[1] Multiplicar por 2 el número que ha pensado.
[2] Sumar 8 al producto anterior.
[3] Restar de la suma anterior su mitad.
[4] Restar 4 de la diferencia anterior.

Con esto, el resultado obtenido en [4] es el número que había pensado.

JUSTIFICACIÓN

Sea x el número pensado.
Entonces:

[1] $2x$
[2] $2x + 8$
[3] $(2x + 8) - (x + 4) = x + 4$
[4] $(x + 4) - 4 = x$

3. ¿Cuántas varas de paño compraste?

D. De bueno en mejor ha ido el adivinar numeros penſados; pero Señor Maſtro, ſinó ſe diſguſta le ſuplico nos diga otro modo de adivinar numeros mas breves, que los paſſados.

M. Que me plaze, y pienſa luego el numero que quiſieres de ducados, ò de reales. D. Yà tengo penſades ciertos ducad. M. Añade pues por mi à eſſos ducados que has penſado ſu miſma metad. D. Yà eſtan añadidos. M. Aora emplea eſſos ducados que tienes en el penſamẽito en varas de raſo, ò de lo que tu quiſieres, pagando por cada vara tantos ducados, como por mi añadiſte, y yo adivinarè las varas que mercaſtes, ò pudieras mercar. D. Yo yà tengo viſtas las varas que podria aver mercado con los ducados que guardo en mi penſamiento; pero no sè yo como puede v. m. ni ninguno adivinarlas ſin aver hecho preguntas algunas. M. Pues yo te digo q̃ mercaſte 3. varas de raſo ſi quieres dezir la verdad. D. No lo niego, antes bien digo, que merquè, ò pudiera aver mercado tres varas; pero ſuplicole nos diga el como ſe ſabe eſſo con tanta facilidad, y brevedad. M. Advierte, que aora pienſen numero pequeño, ò grande, ſiguiendo el orden declarado, ſiempre ſe podràn mercar 3. varas, y no mas, ni menos, y como avemos aplicado la queſtion à varas, ſe pudiera aplicar à otra coſa diferente.

ADAPTACIÓN y JUSTIFICACIÓN

En esta recreación, Gerónimo Cortés adivina el número de varas de raso que otro compró con una cantidad desconocida de ducados. El discurso del científico levantino es el siguiente:

Sea x la cantidad de ducados que tiene el comprador.

A dicha cantidad se le añade su mitad y se obtienen 3x/ 2 ducados.

Si se invierte este capital en la compra de raso, a razón de una vara por cada x/ 2 ducados, resulta obvio que el número de varas que se pueden comprar es 3.

D. Si encima de una mesa huvieſſe algunas pedrezuelas, y naypes, ò otra qualquier coſa, y uno tocaſſe una piedra de aquellas, podriaſe ſaber por numeros, qual de aquellas tocò?

M. Digo que ſi, y demos que huvieſſe encima de una meſa 24. piedras, ò mas, ò menos en hilera, ò en circulo, y que uno tocò la dezima piedra ſin tu ſaberlo: aora diràs al que tocò la piedra, que doble las piedras que huviere deſde la primera haſta la que tocò, y porque tocò la dezima ſeràn 20. din. que añada 5. ſeràn 25. y eſte numero que le multiplique por 5. y ſeràn 125. y à eſte numero que añada 10. y ſeràn 135. y à eſte numero que añada un zero, y ſeràn 1350. aora tu pediràs que te dèn todo eſte numero, del qual ſacaràs ſecretamente 350. y quedaràn 1000. Y nota, que cada millar que ſobrare vale 10. y aſſi diràs, que tocò la dezima piedra; y ſi ſobrare algunas centenas, cada centena vale uno. Y nota, que has de ſaber por qual cabo començò à contar.

ADAPTACIÓN

Para saber qué piedra (de una hilera de piedras) tocó una persona, se le puede invitar a que efectúe las operaciones siguientes:

[1] Multiplicar por 2 el número de orden de la piedra que tocó.
[2] Sumar 5 al producto anterior.
[3] Multiplicar por 5 la suma precedente.
[4] Sumar 10 al producto anterior.
[5] Multiplicar por 10 la suma precedente.
[6] Restar 350 de la suma anterior.
[7] Dividir por 100 la diferencia precedente.

El resultado obtenido en [7] indica el número de orden de la piedra que tocó la persona.

JUSTIFICACIÓN

Sea x el número de orden de la piedra.

Las operaciones impuestas en el procedimiento conducen a la siguiente expresión:

$$\frac{[(2x+5)5+10]10-350}{100} = \frac{(10x+25+10)10-350}{100} = \frac{100x+350-350}{100} = x$$

5. Tres dados

D. Si ſe echaſſen tres dados encima de una meſa, como ſe podria ſaber quantos puntos pintò cada dado ſin verlo la perſona, ſolo por numeros.

M. Digo que me plaze, y haz cuenta que tu has echado los tres dados encima de la meſa, y que el uno ha pintado 6. puntos, el otro 4. y el tercero 2. quintos. Pues aora dobla los puntos del dado que quiſieres, y ſean los 6. puntos que ſeràn 12. y añadeles 5. y ſeràn 17. multiplica eſtos por 5. y ſeràn 85. añade los puntos del dado que quiſieres, y ſean los 4. y ſeràn 89. añadeles 10. y ſeràn 99. y mas un zero, y ſeràn 990. finalmente añadeles los puntos del tercer dado, que ſon 2. y ſeràn 992. Aora tomo yo eſte numero, del qual ſecretamente quitarè 350. y quedarme han 642.

y aſſi acertarè diziendo, que el un dado pintò 6. puntos, y el otro 4. y el tercero 2.

ADAPTACIÓN

Para adivinar las puntuaciones de tres dados se invita al que los ha lanzado a que efectúe, por ejemplo, las operaciones siguientes:

[1] Multiplicar por 2 la puntuación del primer dado.
[2] Sumar 5 al producto anterior.
[3] Multiplicar por 5 la suma precedente.
[4] Sumar al producto anterior la puntuación del segundo dado.
[5] Sumar 10 a la suma anterior.
[6] Multiplicar por 10 la suma precedente.
[7] Sumar al producto anterior la puntuación del tercer dado.
[8] Restar 350 de la suma anterior.

El resultado obtenido en [8] es un número de tres cifras. La cifra de las centenas es la puntuación del primer dado, la cifra de las decenas es la puntuación del segundo dado, la cifra de las unidades es la puntuación del tercer dado.

JUSTIFICACIÓN

Sean a, b y c las puntuaciones obtenidas por el primer, segundo y tercer dado, respectivamente.

Entonces, las operaciones impuestas conducen a la siguiente expresión:

$$[(2a + 5)5 + b + 10]10 + c - 350 = (10a + 25 + b + 10)10 + c - 350 =$$
$$100a + 10b + 350 + c - 350 = 100a + 10b + c$$

6. El juego de las tres prendas

D Tambien tengo entendido,que ſe puede ſaber por numeros ſi entre tres ſe repartieſſen tres coſas diferentes, qual de ellos tomò cada coſa, por tanto le ſuplico me diga el arte con brevedad.

M. Si no me huvieras pedido la brevedad , te la dixera por la regla de los tres dados; pero nota otra mas breve , y mas curioſa, y demos que las tres coſas diferentes ſean un pañizuelo,un guante, y un real , y à cada una de las tres perſonas , que ſe huvieren repartiendo eſtas tres coſas, pondràs un nombre de numero, y digamos que el primero ſe llama uno,y el ſegundo dòs, y el tercero tres. Yà que ſe ayan repartido las tres coſas, diràs al que tiene el pañizuelo que doble ſu nombre , y pongamos que lo tiene el que ſe llama dos, y ſeràn 4. deſpues diràs al que tiene el guante, que multiplique ſu nombre por 9. y demos que le tiene el que ſe llama 1. y ſeràn 9. finalmente diràs al que tiene el real,que à ſu nõbre que es tres, le añada un zero,y ſeràn 30. Aora junta eſtos tres numeros,que ſon 4. 9. y 30. y ſeràn 43. eſtos quitalos de 60. y quedaràn 17. Aora parto eſtos 17. por 8. y vendràn al partidor dos, y ſobrarà uno, que quiere dezir, que el que ſe llama dos , tiene el pañizuelo,y el que ſe llama uno, tomò el guante;y aunque no ſe haze mencion de quien tiene el real , pero claro quedà que ſabiendo quien tiene el pañizuelo,y el guante, que el real lo tendrà el que no ſe nombra por la regla, que es el que ſe llamava tres.

ADAPTACIÓN

Para adivinar, de entre tres personas, cuál tiene un pañuelo, cuál tiene un guante y cuál tiene una moneda, puedes utilizar el siguiente procedimiento:

[1] A una de las tres personas le das una tarjeta con el número 1, a otra le entregas una tarjeta con el número 2, y a la tercera le das una tarjeta con el número 3.

[2] La persona que tenga el pañuelo debe multiplicar por 2 el número de su tarjeta.

[3] La persona que tenga el guante debe multiplicar por 9 el número de su tarjeta.

[4] La persona que tiene la moneda debe multiplicar por 10 el número de su tarjeta.

[5] Después de esto, deben sumar los tres productos anteriores, restar la suma de 60 y comunicarte este resultado.

[6] Conocido el resultado obtenido en [5], lo dividirás por 8. El cociente de la división es el número de la tarjeta de la persona que tiene el pañuelo y el resto de la división es el número de la tarjeta de la persona que tiene el guante.

JUSTIFICACIÓN

Designemos por p, q y r los números de las tarjetas asignadas a las personas que tienen el pañuelo, el guante y la moneda, respectivamente (recordemos que $p + q + r = 6$).

Entonces, los cálculos efectuados durante el proceso conducen a la expresión:

$$\frac{60 - (2p + 9q + 10r)}{8} \qquad [*]$$

Como $r = 6 - p - q$, la expresión [*] se convierte en:

$$\frac{60 - [2p + 9q + 10(6 - p - q)]}{8} = \frac{60 - (2p + 9q + 60 - 10p - 10q)}{8} =$$

$$= \frac{8p + q}{8} = p + \frac{q}{8}$$

En consecuencia, el procedimiento propuesto por Cortés es correcto.

7. El juego de la sortija

D. Señor Maeſtro, ſi entre muchas perſonas una de ellas tomaſſe un añillo, y ſe lo puſieſſe en el dedo, como ſabria yo quien lo tomò, y en que mano, y en que dedo, y en que juntura lo tiene.

M. Digo, que pueſtas las perſonas en hilera, y tomando que aya una de ellas el anillo, diràs al que ha de reſponder, que cuente las perſonas que huviere deſde la primera haſta la que tiene el anillo ſin dezir nada, y que doble aquel numero; y demos que lo tuvieſſe la ſexta perſona, y ſerian 12. y que le añada 5. y ſerian 17. y eſte numero que lo multiplique por 5. y ſeràn 85. y à eſte numero que le añada los dedos que huviere; contando del dedo pulgar de la mano derecha, haſta do eſtuviere el anillo, y pongamos que eſtà en el index de la mano izquierda, que ſon 7. dedos, y los 85. ſeràn 92. à eſtos que añada 10. y ſeràn 102. à eſta otra ſuma que añada un zero, y mas las junturas que huviere deſde el cabo del dedo haſta la juntura en que eſtà pueſto el dicho anillo, y hagamos cuenta que eſtà en la tercera, y ultima juntura, y el numero vendrà à ſer 1023. aora tu tomaràs todo eſte numero, y ſecretamente quitaràs de dicho numero eſtos 350. y quedaràn 6. 7. 3. y aſſi reſponderàs, que el anillo lo tiene la ſexta perſona en el ſegundo dedo de la mano izquierda, que es el ſeptimo, contando como eſtà dicho, del pulgar de la mano derecha, y en la ultima juntura, que en aquel dedo es la tercera. Y nota, que la centena declara la perſona, y la dezena el dedo, y la unidad la juntura; y aſſi el 6. quiere dezir la ſexta perſona, y el 7. quiere dezir el ſeptimo dedo, contando como tengo dicho; y el 3. quiere dezir que eſtà en la tercera juntura.

ADAPTACIÓN

Para adivinar quién tiene un anillo, en qué dedo y en qué falange, puedes aplicar el procedimiento siguiente:

En primer lugar, debes asignar un número de orden a cada una de las personas que participan en el juego (1, 2, 3...), un número a cada dedo (1, 2..., 10) y un número a cada falange (1, 2, 3), tal como se detalla en la tabla adjunta.

	Falange inferior	Falange media	Falange superior
Pulgar derecho (1)	1		3
Índice derecho (2)	1	2	3
Medio derecho (3)	1	2	3
Anular derecho (4)	1	2	3
Meñique derecho (5)	1	2	3
Pulgar izquierdo (6)	1		3
Índice izquierdo (7)	1	2	3
Medio izquierdo (8)	1	2	3
Anular izquierdo (9)	1	2	3
Meñique izquierdo (10)	1	2	3

Después de esta codificación, invitarás a una de las personas participantes a que realice en secreto los siguientes cálculos:

[1] Multiplicar por 2 el número de orden de la persona que tiene el anillo.
[2] Sumar 5 al producto anterior.
[3] Multiplicar por 5 la suma precedente.
[4] Sumar al producto anterior el número del dedo en el que está el anillo.
[5] Añadir 10 a la suma anterior.
[6] Multiplicar por 10 la suma precedente.
[7] Sumar al producto anterior el número de la falange en la que está el anillo.
[8] Restar 350 de la suma precedente.

Llegados a este punto, el colaborador te debe facilitar el resultado obtenido después de efectuar dichos cálculos.

Después de esto, si el dedo en el que está el anillo no es el meñique izquierdo, obtendrás un número de tres cifras no nulas tal que:

Las centenas indican el número de orden de la persona que tiene el anillo.

Las decenas señalan el dedo en el que está la sortija.

Las unidades indican la falange en la que está el anillo.

Si el dedo en el que está el anillo es el meñique izquierdo, resultará un número de tres cifras (con un cero en las decenas) tal que:

La cifra de las centenas menos 1, indica el número de orden de la persona que tiene el anillo.

La cifra de las decenas [= 0] aumentada en 10 señala el dedo en el que está la sortija.

La cifra de las unidades indica la falange en la que está el anillo.

JUSTIFICACIÓN

Sea a el número de la persona que tiene la sortija, b el número del dedo en el que está el anillo y c el número de la falange en la que está la sortija.

Entonces, el resultado al que se llega después de efectuar las operaciones [1]-[8] es el siguiente:

$$[(2a+5)5+b+10]10+c-350=(10a+b+35)10+c-350=$$

$$=100a+10b+c$$

Notemos que si en la expresión $100a + 10b + c$ el valor de b es 10 (es decir: el anillo está en el meñique de la mano izquierda) se tiene que:

$$100a+10b+c=100a+100+c=100(a+1)+0+c$$

En esta situación:

- La cifra de las centenas [$= a + 1$] menos 1 indica el número de orden de la persona que tiene el anillo.
- La cifra de las decenas [= 0] aumentada en 10 señala el dedo en el que está la sortija.
- La cifra de las unidades indica la falange en la que está el anillo.

8. ¿Quién sirve la comida?

D. En cierto combite ſe hallaron 15. caſados con ſus mugeres, de ſuerte que entre todos eran 30. y ſentados à la meſa, y no aviẽdo quien ſirvieſſe, dizen los maridos à ſus mugeres que ſe levanten à ſervirles, y que ellos deſpues las ſervirian, reſpondieron las mugeres, que por entonces, y en tal ocaſion fueſſen ellos los primeros en ſervir, pues ellas todo el año, y aun toda la vida eran las primeras, y poſtreras en ſervirles, no les contentò à los maridos la reſpueſta de ſus mugeres. Entonces replica una de ellas, diziendo que ſe ſentaſſen todos ellos, y ellas, y que contando de uno haſta ocho (començando del cabo de la meſa) al que viniere à parar el ocho fueſſe hombre, ò muger, que ſe levantaſſe à ſervir. Todos fueron contentos de eſte concierto; y la buena muger que hizo el concierto los ſupo aſſentar de tal manera, y ſin ninguno darſe acato, que començando à contar del primero que eſtava al cabo de la meſa, el ocho ſiempre vino à parar à los hombres, y aſſi por lo concertado ſe huvieron de levantar à ſervir los maridos à ſus mugeres. Pregunto que orden tuvo la ſobredicha muger en hazer ſentar los hombres, y las mugeres?

M. Digo que ſabiendo, y teniendo en la memoria eſte verſo: *Mater Anna, ſenſerat merita Mariæ decore*, ſabrà aſſentar dichas perſonas, notando que la a vale uno, la e dos, y la i tres, y la o quatro: Aora para aſſentar las ſobredichas perſonas, y que el ocho venga à dar à los hombres, y no à las mugeres, comẽçaràs à aſſentar las mugeres, y deſpues los hombres, no aſſentando mas de lo que repreſenta la vocal, como en eſta ſilaba Mater, que la a repreſenta una muger, y la e dos varones, y paſſando adelante à la otra ſilaba Anna, aſſentaràs una muger por la a primera, y un varon por la poſtrera, y aſſi por las demàs vocales del verſo, advirtiendo, que la primera vocal es de la muger, y la ſegunda del varon, y la tercera de la muger, y la quarta del varon, y aſſi una vez muger, y otra varon, haſta el cabo. Y porque mejor ſe entienda pondrè abaxo el exemplo, y practica. Y nota, que la o repreſenta la muger, y la rayuela el varon, començando à aſſentar primero la muger; y ſi quiſieres que el ocho venga dar, y parar à las mugeres, aſſentaràs en primer lugar al varon, ò haziendo cuenta que la o repreſenta al varon, y la rayuela à la muger, como parece. Muger, oII oI ooIIo II oooI oIIIoo IIooooII.

COMENTARIO

El autor valenciano recurre a un verso latino y a un código para ordenar a los maridos y a las esposas de modo que sean los primeros los que sirvan a las segundas.

VERSO:
Mater Anna senserat merita Marie decore

CÓDIGO:
A = 1 , E = 2 , I = 3 , O = 4

Con esto, suprimiendo del verso las consonantes y asignando a las vocales sus valores correspondientes, obtenemos la serie numérica:

12 11 221 231 132 242

Dicha sucesión admite la siguiente traducción, en la que M = mujer y H = hombre, que resuelve el problema:

MHHMHMMHHMHHMMMHMHHHMMHHMMMMHH

Referencias bibliográficas

CORTÉS, G. (1724). *Arithmetica practica.* Zaragoza: Herederos de Diego de Larumbe.

MEAVILLA SEGUÍ, V. (2011). *El lobo, la cabra y la col.* Córdoba: Almuzara.

Capítulo 9

Así calculaban los arquitectos del siglo XVII

El cálculo integral es, sin duda, la herramienta definitiva a la hora de calcular longitudes de curvas, áreas de superficies y volúmenes de sólidos. Sin embargo, a lo largo de los tiempos, los investigadores han ido elaborando distintos procedimientos con los que, sin necesidad de las integrales, se pueden calcular de forma aproximada longitudes, áreas y volúmenes.

Portada del Breue tratado de todo genero de bobedas(...)

En este capítulo, a modo de ejemplo, presentamos un método para el cálculo aproximado del área de una bóveda esquifada, contenido en el *Breue tratado de todo genero de bobedas asi regulares como yrregulares execucion de obrarlas y medirlas con singularidad y modo moderno obseruando los preceptos canteriles de los maestros de architectura. Por Juan de Torixa*[1] *maestro architecto y aparexador de las obras reales* (1661). Dicho procedimiento, que incluye conceptos elementales de geometría sintética y geometría descriptiva, resuelve de forma sencilla e inteligente un problema que tratado desde una óptica formal necesita hacer uso de las integrales dobles.

Introducción

1. Un teorema para empezar

Desde un punto P, exterior a una esfera, se pueden trazar a ésta infinitas tangentes que generan una superficie cónica circunscrita a la esfera. La longitud de cualquier segmento de tangente comprendido entre el punto P y el punto de contacto es constante [PQ = PR = PS].

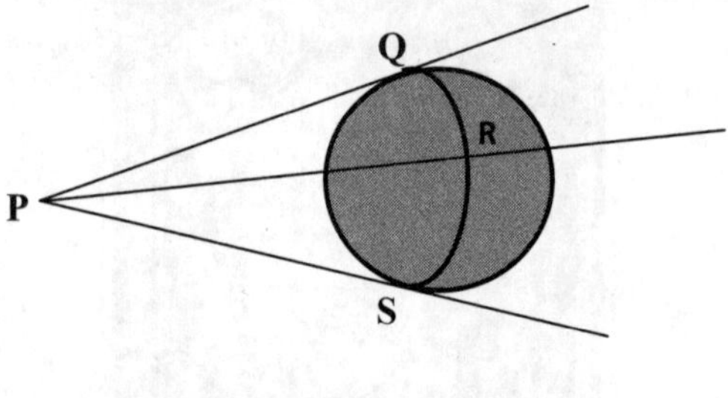

1 Sobre la vida del arquitecto Juan de Torija (1624-1666) disponemos de escasos datos biográficos. Entre 1652 y 1653 trabajó en el Alcázar de los Austrias y en la reconstrucción del Palacio del Buen Retiro de Madrid. En 1662 reconstruyó la capilla principal de Atocha (Madrid) según el proyecto de Sebastián de Herrera Barnuevo. Además de su «Tratado de bóvedas», Torija escribió un *Tratado breve sobre las ordenanzas de la villa de Madrid y policia della* (1661).

2. Intersección de un cilindro recto y un plano no perpendicular a sus generatrices

Sea un cilindro recto de radio r y un plano π que lo corta oblicuamente. En esta situación, la intersección del cilindro y el plano es una elipse.

En efecto:

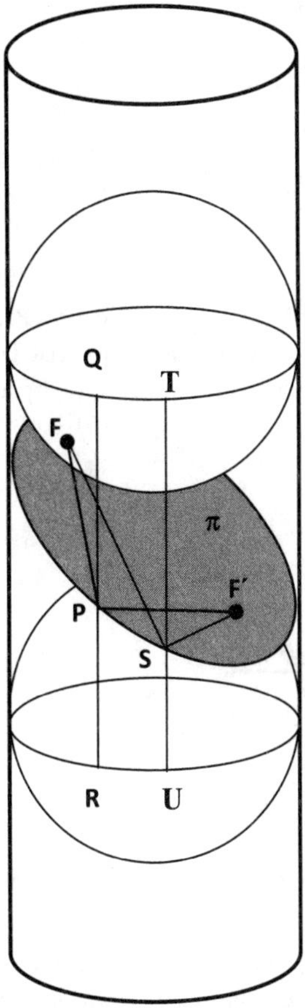

En la figura adjunta el plano π es tangente en los puntos F y F´ a dos esferas de radio r, inscritas en el cilindro.

Sea P un punto cualquiera de la curva cerrada y plana en la que el plano π corta al cilindro recto.

El punto P pertenece a la generatriz del cilindro que pasa por los puntos Q y R.

Entonces, en virtud del teorema anterior, se tiene que:

PF + PF´ = QP + PR = QR

Sea S otro punto de la curva en la que π corta al cilindro.

El punto S pertenece a la generatriz del cilindro que pasa por los puntos T y U.

Entonces, en virtud del teorema anterior, resulta que:

SF + SF´ = TS + SU = TU

Dado que QR = TU, resulta que:

PF + PF´ = SF + SF´

Por tanto, los puntos P y S pertenecen a una elipse.

En consecuencia:

La intersección del cilindro y el plano π es una elipse.

3. ¿Qué es y cómo se genera una bóveda esquifada?[2]

Sea un semicilindro de radio **a/2** y altura **a** que se apoya en un cuadrado ABCD (véase el croquis adjunto) de lado **a**.

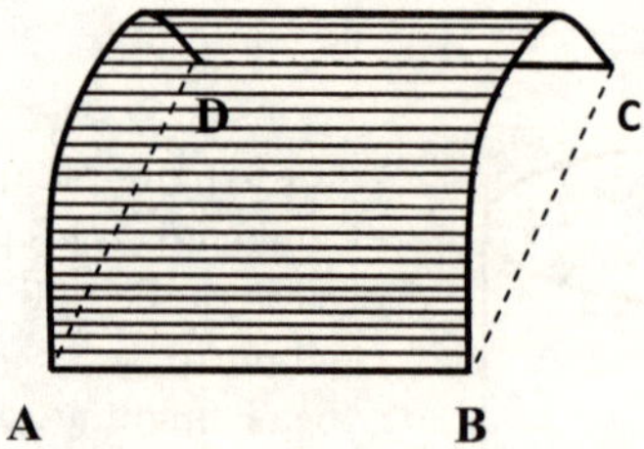

Si se corta el semicilindro por un plano π que pase por BD y sea perpendicular al plano que contiene al cuadrado ABCD, entonces la intersección de las dos superficies es una semielipse (véase el diagrama adjunto).

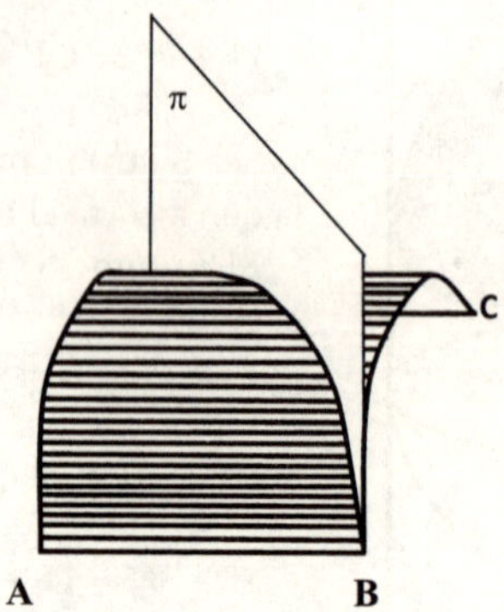

Por otro lado, si se corta el semicilindro por un plano π´ **que pase por AC y sea perpendicular al plano que contiene al cuadrado ABCD, entonces la intersección de las dos superficies es otra** semielipse (véase el boceto adjunto).

2 Este tipo de bóvedas también se denominan bóvedas de aljibe.

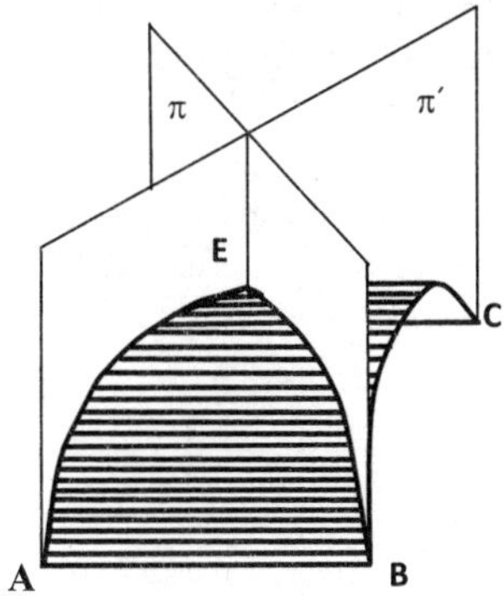

Después de esto, el semicilindro original queda dividido en cuatro partes, dos de las cuales son triángulos mixtilíneos como el AEB[3].

Pues bien, si sobre cada lado del cuadrado ABCD se dispone un triángulo mixtilíneo congruente al AEB se obtiene una bóveda esquifada [= bóveda de aljibe], tal como se detalla en el croquis siguiente.

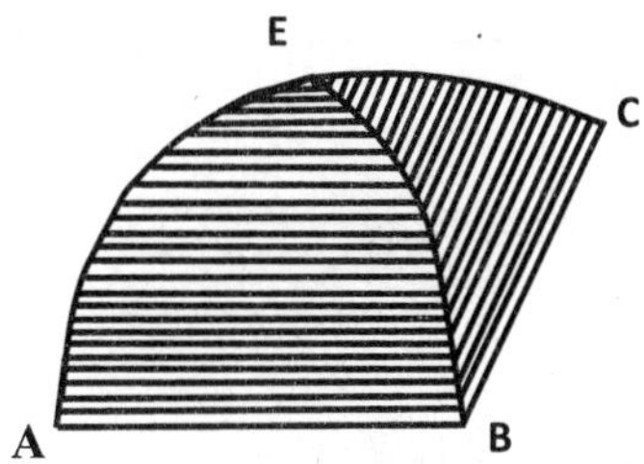

3 En dicho triángulo, la longitud del lado rectilíneo AB es a y las longitudes de los lados curvilíneos AE y EB son la cuarta parte de la longitud de una elipse de ejes a y $a\sqrt{2}$. Además, la longitud de la altura ME, siendo M el punto medio de AB, es la cuarta parte de una circunferencia de diámetro a.

Área de una bóveda esquifada: el procedimiento de Juan de Torija

Formaràs la mitad de su planta de 40. pies, como parece por E. F. G. H. y leuantaràs su montea, ò perfil E. R. F.

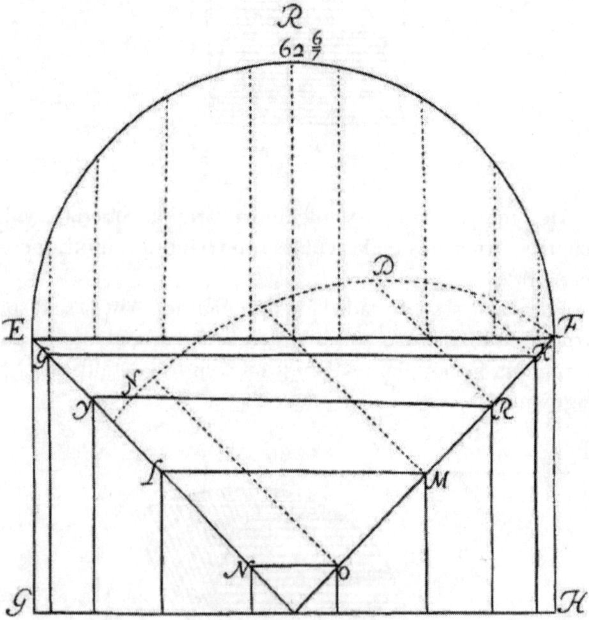

la qual se diuidirà en partes iguales, como en la presente, que son 9. saca su circunferencia por la regla que en el primer capitulo te he enseñado, y hallaràs que tiene $62\frac{6}{7}$ de circunferencia el dicho semicirculo , y desde las diuisiones baxaràs plomos que toquen en su vasis, ò diametro, y corten en los angulos de su quadrado: y adonde cortaren, tiraràs lineas paralelas à la dicha vasis. Ansimismo tiraràs las lineas que bueluen por los lados, y consecutiuamente que disten igualmente, como parece por su planta, y perfil, y hecho lo dicho formaràs vn triangulo, que tenga vasis 40. pies, y por perpendicular la mitad del semicírculo, que son treinta y vn pies y medio; la diuidiràs en otras tantas partes, como lo està dicha mitad de circunferencia R. F. con que vienen a ser dichas diuisiones quatro y media, que en este exemplo tiene cada vna de dichas diuisiones à 7. pies, que juntas en vna, suma las quatro diuisiones y media, hazen los treinta y vno y medio, por todas las diuisiones de dicha perpendicular, se passaràn lineas paralelas a la vasis, tomando los largos de cada vna de por si, por las que estàn formadas en la planta, procedidas de las diuisiones de la montea E. F. G. H. I. R. L. M. N. O.

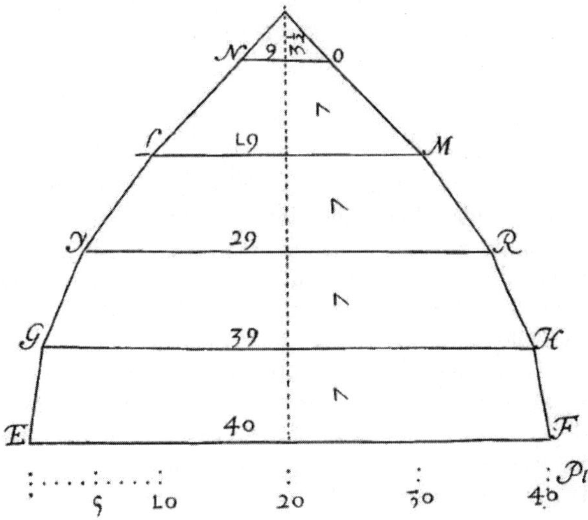

y señalando en sus extremos, se tiraràn de tres en tres puntos porciones, ò lineas curbas E. G. I. L. N. Con que quedarà cerrado el dicho triangulo, haziendo otro tanto al lado que le corresponde, con que quedaràn hechas las cinco figuras trapecias; las quales iràs midiendo practicamente cada vna de por si, y luego las juntaràs en vna suma, que montarà toda la area de dicho triangulo $766\frac{1}{2}$ y porque dicho triangulo es la quarta parte de la propuesta Capilla, quatrodobla los $766\frac{1}{2}$ y hallaràs que montan 3066 y tantos son los pies que haze.

Y para mayor claridad, y de la primera figura trapezia, tomando primero la vasis, q(ue) es de 40. en E. F. y luego ve a buscar con el compàs la otra linea, que se le sigue G. H. y por el pitipie hallaràs que tiene 37. pies. Iuantalos en vna suma con los 40. y valdrán 77. toma la mitad, que son 38 $\frac{1}{2}$, multiplicalos por 7. que tiene de ancho vna de las quatro trapezias, y montarà 269$\frac{1}{2}$ y tanto dirás que tiene la superficie de la primera figura, y conforme a esta orden iràs midiendo las demas figuras que restan del dicho triangulo: Y la segunda trapezia hallaràs que tiene 231. pies superficiales: y la tercera tiene 168. pies superficiales, y la quarta trapezia tiene 87$\frac{1}{2}$ y el triangulo de la media diuision tiene 10$\frac{1}{2}$ con que sumaràs las cinco partidas en vna y hallaràs que montan 766$\frac{1}{2}$ que son los mismos que arriba te referi, con que se prueua, que dicha Bobeda tiene 3066. pies quadrados superficiales en su arca concaua, como parece por su planta, y perfil en la demonstracion presente.

COMENTARIO

El procedimiento descrito en las líneas precedentes tiene como objetivo calcular el área aproximada de una de las cuatro caras [= triángulo mixtilíneo = superficie alabeada] de una bóveda esquifada, transformándola en una superficie plana compuesta por varios trapecios isósceles y un triángulo isósceles.

Para ello, Torija divide la altura de dicha cara [= cuarta parte de una circunferencia] en cuatro partes iguales y media más, y por los cuatro puntos de división traza sendas rectas paralelas a la base del triángulo que, al cortar a los lados curvilíneos del triángulo, determinan segmentos rectilíneos paralelos.

Después, estirando la altura y uniendo los extremos de los segmentos paralelos mediante segmentos rectilíneos (véase la figura adjunta) la cara de la bóveda de aljibe se convierte en una superficie plana formada por cuatro trapecios isósceles y un triángulo isósceles.

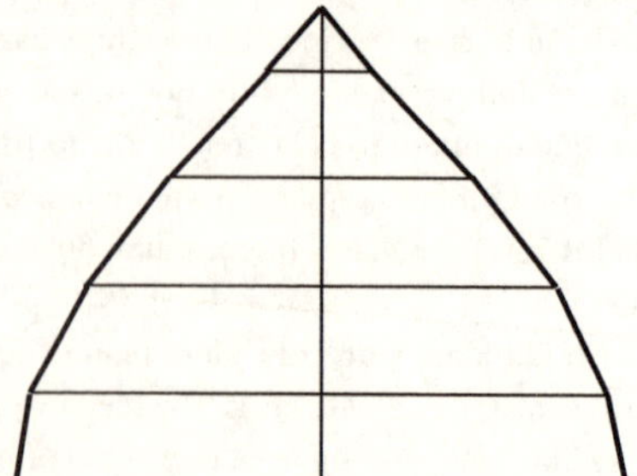

Entonces, la suma de las áreas de dichos polígonos es una aproximación por defecto de la cuarta parte del área de la bóveda.

Pero, ¿cuáles son las dimensiones (bases y alturas) de los antedichos polígonos?

Resulta obvio que la altura de cada trapecio es igual a $\frac{2}{9} \cdot h$, siendo h la longitud de la altura de una cara de la bóveda. Por otro lado, la altura del triángulo es $\frac{1}{2} \cdot \frac{2h}{9} = \frac{h}{9}$

El problema se presenta cuando se desea calcular la longitud de las bases de cada polígono. Torija resuelve esta cuestión mediante un dibujo 2D que le permite determinar la verdadera magnitud de cada uno de dichos segmentos rectilíneos. Dado que el párrafo en el que el arquitecto describe el proceso es ambiguo [*(...) y desde las diuisiones baxaràs plomos que toquen en su vasis, ò diametro, y corten en los angulos de su quadrado: y adonde cortaren, tiraràs lineas paralelas à la dicha vasis (...)*], nos apoyaremos en el dibujo siguiente para explicarlo.

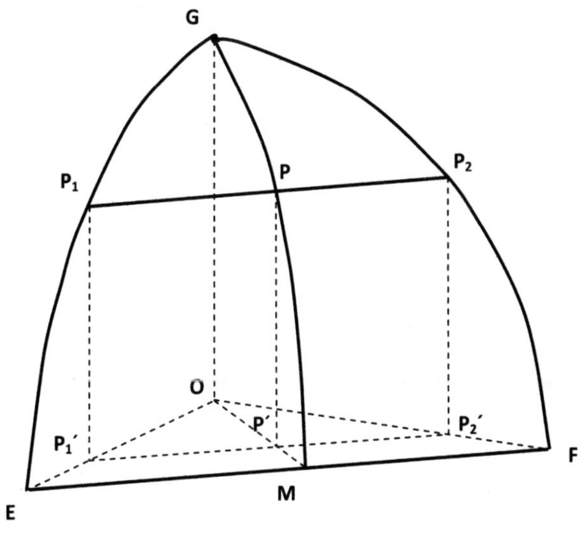

Sea P un punto cualquiera de la altura MG del triángulo mixtilíneo EFG [= cara de una bóveda esquifada] y P_1P_2 el segmento rectilíneo que contiene a P y es paralelo a EF.

Sea O el centro de la planta cuadrada de la bóveda y P´ la proyección ortogonal de P sobre OM [M = punto medio de EF].

Entonces, si P_1´ y P_2´ son, respectivamente, las proyecciones de P_1 y P_2 sobre OE y OF [semidiagonales de la planta cuadrada de la bóveda], resulta que P_1´ P_2´ = P_1P_2.

Con esto, pasemos a la consideración del diagrama siguiente (similar al que utiliza Torija) en el que se representa la mitad de la planta de la bóveda [= EMNQ], la altura [= EJ = JQ] y los lados curvilíneos [= KQ] de cada una de sus caras.

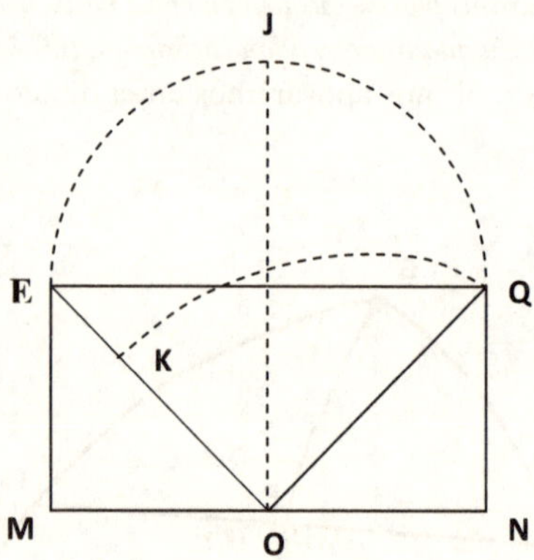

Sea P un punto cualquiera de la altura MG. Entonces, P´ es la proyección ortogonal de P sobre OM (véase el diagrama adjunto).

Por otro lado, P_1´ es la proyección ortogonal de P_1 sobre OE y la longitud de P_1´ R coincide con la del segmento rectilíneo P_1P_2 trazado por P paralelamente a EF.

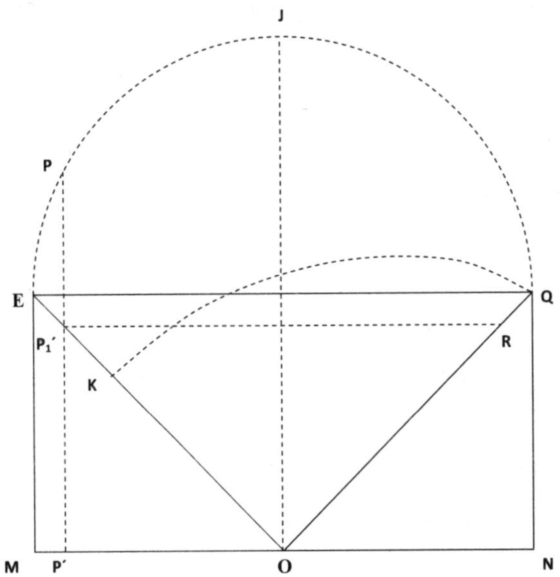

En consecuencia, a partir de la construcción anterior y teniendo en cuenta que EQ = 40, se pueden determinar las longitudes de las bases de los polígonos mediante la aplicación de la regla de tres.

REVISIÓN DEL PROCEDIMIENTO

Haciendo uso de la trigonometría y siguiendo los pasos del procedimiento de Torija vamos a calcular, con más precisión, el área de la bóveda de aljibe representada en la figura siguiente [AB = 40 pies].

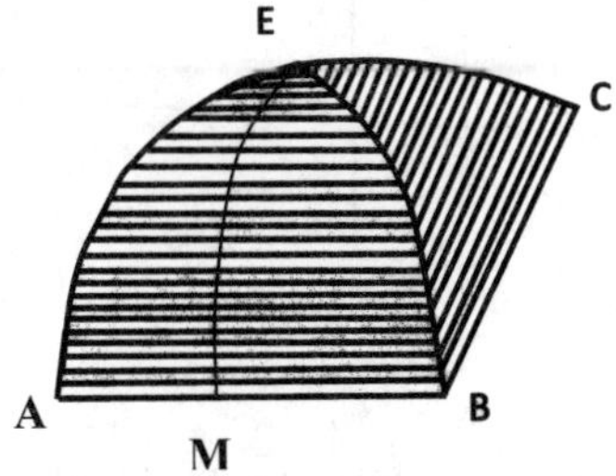

1. En primer lugar se divide la altura ME del triángulo mixtilíneo ABE en cuatro partes iguales y media más.

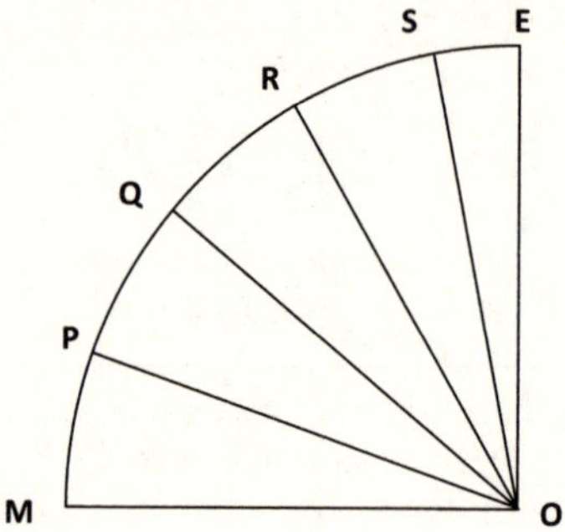

Dado que $ME = \frac{2\pi \cdot OM}{4} = \frac{2\pi \cdot 20}{4} = 10\pi = 31{,}415927...$, entonces:

$MP = PQ = QR = RS = \frac{ME}{4{,}5} = 6{,}9813...$ y $SE = 3{,}4906...$[4]

2. Acto seguido, por los puntos de división [P, Q, R y S] se trazan paralelas a la base AB con lo que se materializan cuatro trapecios mixtilíneos y un triángulo mixtilíneo (véase el diagrama adjunto).

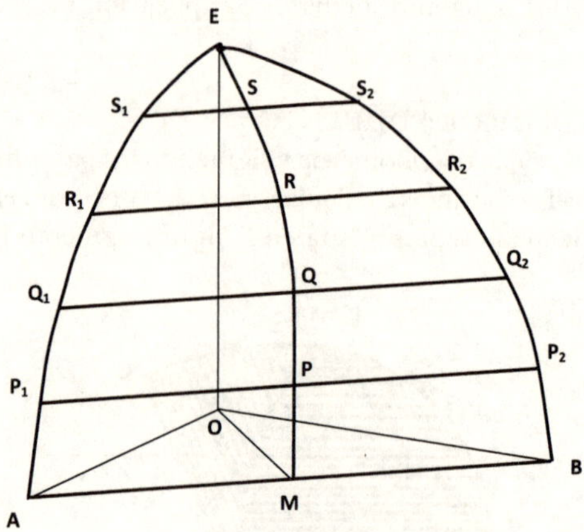

4 Los valores de Torija son: MP = PQ = QR = RS = 7 y SE = 3,5

En la figura anterior se tiene que:

$$\angle POM = 20^\circ$$
$$\angle QOM = 40^\circ$$
$$\angle ROM = 60^\circ$$
$$\angle SOM = 80^\circ$$

Por tanto, si P´, Q´, R´ y S´son las proyecciones ortogonales de P, Q, R y S sobre OM, se verifica que:

$$OP' = OP \cos 20^\circ = 20 \cdot \cos 20^\circ$$
$$OQ' = OQ \cos 40^\circ = 20 \cdot \cos 40^\circ$$
$$OR' = OR \cos 60^\circ = 20 \cdot \cos 60^\circ$$
$$OS' = OS \cos 80^\circ = 20 \cdot \cos 80^\circ$$

Además, dado que $\angle AOM = 45^\circ$, si P_1', Q_1', R_1' y S_1' son las proyecciones ortogonales de P_1, Q_1, R_1 y S_1 sobre OA resulta que (véase el diagrama siguiente):

$$PP_1 = P'P_1' = OP' = 20 \cdot \cos 20^\circ$$
$$QQ_1 = Q'Q_1' = OQ' = 20 \cdot \cos 40^\circ$$
$$RR_1 = R'R_1' = OR' = 20 \cdot \cos 60^\circ$$
$$SS_1 = S'S_1' = OS' = 20 \cdot \cos 80^\circ$$

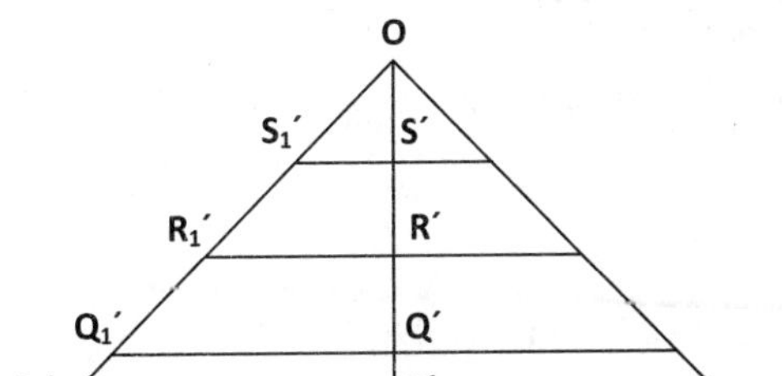

Por tanto:

$$P_1P_2 = 2 \cdot PP_1 = 2 \cdot 20 \cdot \cos 20^\circ = 40 \cdot \cos 20^\circ = 37,5877...$$

$$Q_1Q_2 = 2 \cdot QQ_1 = 2 \cdot 20 \cdot \cos 40^\circ = 40 \cdot \cos 40^\circ = 30,6417...$$

$$R_1R_2 = 2 \cdot RR_1 = 2 \cdot 20 \cdot \cos 60^\circ = 40 \cdot \cos 60^\circ = 20$$

$$S_1S_2 = 2 \cdot SS_1 = 2 \cdot 20 \cdot \cos 80^\circ = 40 \cdot \cos 80^\circ = 6,9459...$$ [5]

3. Por último, se calculan las áreas de los polígonos mixtilíneos como si fuesen rectilíneos y se suman los resultados obtenidos. De este modo se consigue una aproximación por defecto de la cuarta parte del área que se desea calcular.

Área trapecio ABP_2P_1 =

$$\frac{AB + P_1P_2}{2} \cdot MP = \frac{40 + 37,5877}{2} \cdot 6,9813 = 270,8315...$$

Área trapecio $P_1P_2Q_2Q_1$ =

$$\frac{P_1P_2 + Q_1Q_2}{2} \cdot PQ = \frac{37,5877 + 30,6417}{2} \cdot 6,9813 = 238,164...$$

Área trapecio $Q_1Q_2R_2R_1$ =

$$\frac{Q_1Q_2 + R_1R_2}{2} \cdot QR = \frac{30,6417 + 20}{2} \cdot 6,9813 = 176,7724...$$

Área trapecio $R_1R_2S_2S_1$ =

$$\frac{R_1R_2 + S_1S_2}{2} \cdot RS = \frac{20 + 6,9459}{2} \cdot 6,9813 = 94,0587...$$

Área triángulo S_1S_2E =

$$\frac{S_1S_2 \cdot SE}{2} = \frac{6,9459 \cdot 3,4906}{2} = 12,1226...$$ [6]

Por tanto:

Área triángulo mixtilíneo ABE ≈ 791,9492...

---

5 Los valores de Torija son:

$P_1P_2 = 37$, $Q_1Q_2 = 29$, $R_1R_2 = 19$ y $S_1S_2 = 6$

6 Los valores de Torija son:

Área trapecio $ABP_2P_1 = 269,5$; Área trapecio $P_1P_2Q_2Q_1 = 231$
Área trapecio $Q_1Q_2R_2R_1 = 168$; Área trapecio $R_1R_2S_2S_1 = 87,5$
Área triángulo $S_1S_2E = 10,5$

En consecuencia, el valor aproximado del área de la bóveda esquifada viene dado por:

Área bóveda esquifada =
= 4 · Área triángulo mixtilíneo ABE ≈ 3167,7968...[7]

El cálculo integral y el área de la bóveda esquifada

En la figura siguiente hemos representado la octava parte de una bóveda esquifada, referida a un sistema ortogonal de referencia. Dicha porción de bóveda se apoya sobre una superficie cilíndrica de ecuación $x^2 + z^2 = \lambda^2$ [$\Rightarrow z = \sqrt{\lambda^2 - x^2}$] y determina en el plano OXY un recinto triangular *R* de vértices O, M y B.

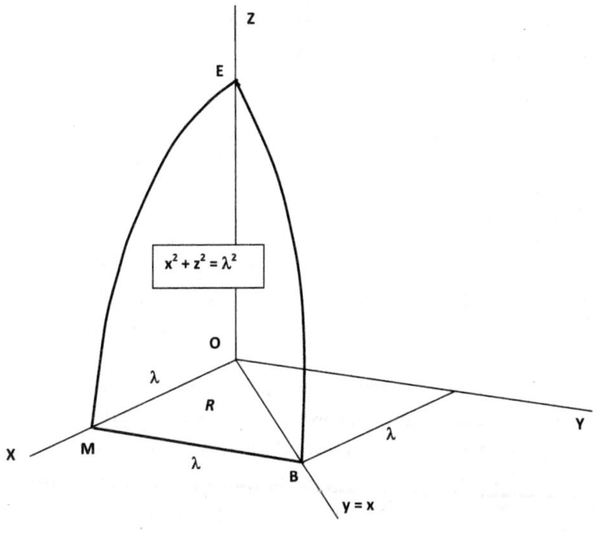

En esta situación, el área [= A] de la octava parte de bóveda viene dada por:

7 El valor de Torija para el área de la bóveda esquifada es 3066.

$$A = \iint_R \sqrt{1 + \left(\frac{\partial z}{\partial x}\right)^2 + \left(\frac{\partial z}{\partial y}\right)^2}\, dxdy = \iint_R \sqrt{1 + \frac{x^2}{\lambda^2 - x^2}}\, dxdy = \iint_R \sqrt{\frac{\lambda^2}{\lambda^2 - x^2}}\, dxdy =$$

$$= \int_0^\lambda \frac{\lambda}{\sqrt{\lambda^2 - x^2}} dx \int_0^x dy = \int_0^\lambda \frac{\lambda x}{\sqrt{\lambda^2 - x^2}} dx = -\lambda \int_0^\lambda \frac{-x}{\sqrt{\lambda^2 - x^2}} dx = \lambda^2$$

Por tanto, el área de la bóveda esquifada es $8\lambda^2$ [= $2(4\lambda^2)$ = $2(2\lambda)^2$ = doble del área del cuadrado en que se apoya la bóveda].

En el caso estudiado por Juan de Torija $\lambda = 20$, por tanto:

Área de la bóveda esquifada = $8 \cdot 20^2 = 3200$

Comparando este resultado con el obtenido por Torija [= 3066] y el conseguido vía trigonometría [= 3167,7968...] se observa que, en el primer caso, el error es del 4% y en el segundo del 1%. Obviamente dichos errores se reducirían aumentando el número de divisiones practicadas en el cuadrante ME.

A modo de conclusión

En las líneas precedentes hemos ofrecido tres soluciones distintas a un mismo problema: el cálculo del área de una superficie alabeada. Dos de ellas son aproximadas y la otra exacta. Las dos primeras se apoyan en conocimientos elementales de geometría sintética y geometría descriptiva, y la tercera utiliza el cálculo integral.

Desde una perspectiva didáctica, resultaría saludable incluir en nuestros programas elementales de enseñanza aquellas soluciones a problemas de Matemáticas Superiores que sólo utilizan conceptos matemáticos básicos. De este modo, los alumnos y alumnas de Educación Secundaria (16-18 años) podrían tomar contacto con algunos problemas a los que, dentro de unos años, deberán enfrentarse desde una óptica más formalizada.

Referencias bibliográficas

MEAVILLA SEGUÍ, V. (2005). «Matemáticas y arquitectura: un procedimiento de Juan de Torija (1624-1666) para el cálculo aproximado del área de una bóveda esquifada». *EUREKA. Revista de la Licenciatura en Matemáticas Aplicadas* [Universidad Autónoma de Querétaro (México)], nº 20, pp. 19-33.

TORIJA, J. (1661). *Breue tratado de todo genero de bobedas asi regulares como yrregulares execucion de obrarlas y medirlas con singularidad y modo moderno obseruando los preceptos canteriles de los maestros de architectura. Por Juan de Torixa maestro architecto y aparexador de las obras reales.* Madrid: Pablo de Val.

Capítulo 10

Paradojas matemáticas

Según el diccionario de la Real Academia Española, *paradoja* es una «aserción inverosímil o absurda, que se presenta con apariencias de verdadera».

En el campo de las matemáticas, se suelen llamar paradojas a ciertos resultados notoriamente falsos que parecen deducirse de demostraciones rigurosas, pero durante las cuales se ha efectuado una operación que no tiene sentido, o un razonamiento erróneo, o una construcción geométrica cuyo trazado no es correcto.

Dado el interés didáctico y formativo de las paradojas, presentamos algunas de ellas.

1. De cómo 4 es igual a 5

Iniciamos la demostración con la siguiente identidad:

$$-20 = -20$$

La igualdad anterior también se puede escribir así:

$$16 - 36 = 25 - 45 \Rightarrow$$

$$4^2 - (4 \times 9) = 5^2 - (5 \times 9) \Rightarrow$$

$$4^2 - \left(2 \times 4 \times \frac{9}{2}\right) = 5^2 - \left(2 \times 5 \times \frac{9}{2}\right) \Rightarrow$$

$$4^2 - \left(2 \times 4 \times \frac{9}{2}\right) + \left(\frac{9}{2}\right)^2 = 5^2 - \left(2 \times 5 \times \frac{9}{2}\right) + \left(\frac{9}{2}\right)^2 \Rightarrow$$

$$\left(4-\frac{9}{2}\right)^2=\left(5-\frac{9}{2}\right)^2 \Rightarrow$$
$$4-\frac{9}{2}=5-\frac{9}{2} \Rightarrow$$
$$\left(4-\frac{9}{2}\right)+\frac{9}{2}=\left(5-\frac{9}{2}\right)+\frac{9}{2} \Rightarrow$$
$$4=5$$

¿Dónde está el error?[1]

2. De cómo cualquier número es igual a su doble

$$x=y \Rightarrow$$
$$x^2=xy \Rightarrow$$
$$x^2-y^2=xy-y^2 \Rightarrow$$
$$(x+y)(x-y)=y(x-y) \Rightarrow$$
$$x+y=y$$

Sustituyendo y por x en la última igualdad resulta:

$$2x=x$$

¿Dónde está el error?

3. Logaritmos y desigualdades

$$3>2 \Rightarrow$$
$$3\cdot log\left(\frac{1}{2}\right)>2\cdot log\left(\frac{1}{2}\right) \Rightarrow$$
$$log\left(\frac{1}{2}\right)^3>log\left(\frac{1}{2}\right)^2 \Rightarrow$$
$$log\left(\frac{1}{8}\right)>log\left(\frac{1}{4}\right) \Rightarrow$$
$$\frac{1}{8}>\frac{1}{4}$$

¿Dónde está el error?

1 Al final del capítulo ofrecemos las soluciones de las diversas paradojas que hemos incluido en él.

4. Otra paradoja logarítmica

$$(-1)^2 = 1^2 \Rightarrow$$
$$log(-1)^2 = log(1)^2 \Rightarrow$$
$$2 \cdot log(-1) = 2 \cdot log(1) \Rightarrow$$
$$log(-1) = log(1) \Rightarrow$$
$$-1 = 1$$

¿Dónde está el error?

5. Una paradoja integral

$I = \int senx\ cosx\ dx \Rightarrow$	$I = \int senx\ cosx\ dx \Rightarrow$
$I = \int senx\ (cosx\ dx) = \int senx\ d(senx) =$	$I = \int cosx\ (senx\ dx) = -\int cosx\ (-senx\ dx) =$
$= \frac{sen^2 x}{2}$ [1]	$= -\int cosx\ d(cosx) = -\frac{cos^2 x}{2}$ [2]

A partir de las igualdades [1] y [2] resulta que:

$$\frac{sen^2 x}{2} = -\frac{cos^2 x}{2} \Rightarrow sen^2 x = -cos^2 x \Rightarrow sen^2 x + cos^2 x = 0$$

Ahora bien, sabemos que $sen^2 x + cos^2 x = 1$.

¿Dónde está el error?

6. ¿Magia o geometría?

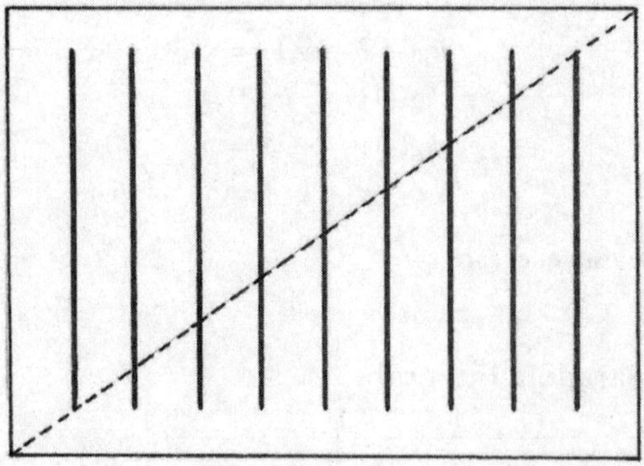

La figura anterior representa una cartulina rectangular en la que se han dibujado nueve varillas verticales de la misma longitud y equidistantes.

Si se corta dicha cartulina por una de sus diagonales (de trazo discontinuo en el diagrama precedente) y se desplaza de forma conveniente el triángulo superior sobre el inferior, se llega a una disposición como la de la figura siguiente en la que ha desaparecido una varilla.

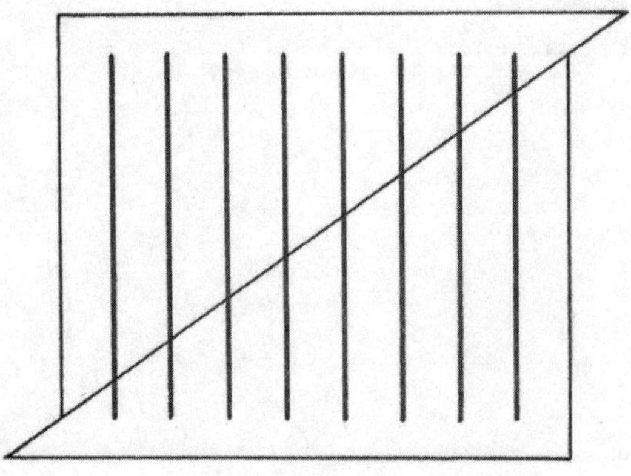

¿Qué varilla ha desaparecido?
¿Dónde está?

7. Paradoja geométrica (64 = 65)

Édouard Lucas (1842-1891), en sus *Récreations Mathématiques*, propuso la siguiente paradoja:

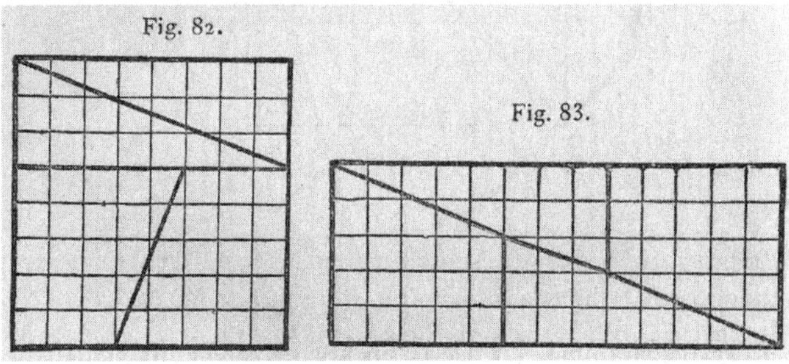

> Consideremos un cuadrado de 64 casillas (fig. 82). Dividámoslo en dos rectángulos cuyas alturas sean iguales a la altura del cuadrado y cuyas bases tengan 3 y 5 unidades. Dividamos el rectángulo pequeño en dos partes por una diagonal, y el rectángulo grande en dos trapecios iguales. De este modo el cuadrado queda dividido en cuatro piezas con las que se puede obtener la figura 83. Esta figura contiene 65 casillas mientras que la anterior sólo contiene 64. Por tanto, 64 = 65.

¿Cómo se explica esto?

8. Diagonal escalonada ($2 = \sqrt{2}$)

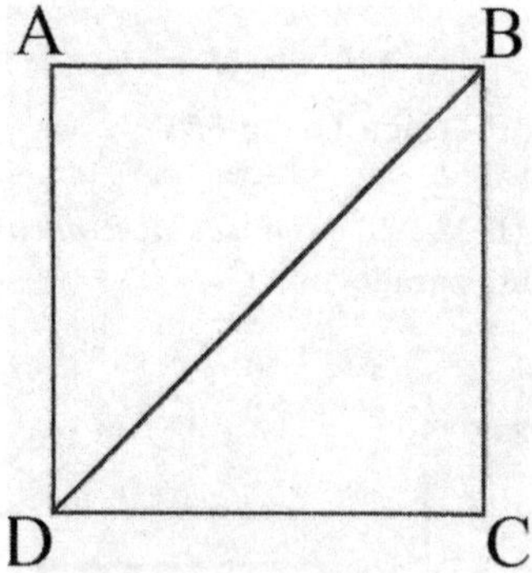

La figura anterior representa un cuadrado ABCD, de lado 1, y la diagonal BD. En esta situación, la longitud de BD es $\sqrt{2}$.

En los tres diagramas siguientes los extremos B y D de la diagonal BD se conectan mediante líneas quebradas (= «escaleras») compuestas por dos segmentos rectilíneos iguales, cuatro segmentos rectilíneos iguales y ocho segmentos rectilíneos iguales, respectivamente.

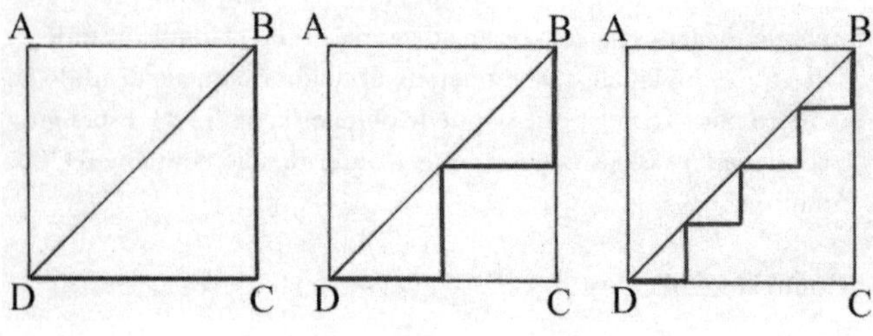

Del mismo modo se podrían construir escaleras compuestas por 16, 32..., 2^n segmentos rectilíneos iguales.

Advirtamos que, en cada paso, las longitudes de los segmentos constituyentes se reducen a la mitad y su número se duplica. Por otro lado, las escaleras se aproximan cada vez más a la diagonal.

Habiendo llegado a este punto, parece razonable admitir que cuando el número de segmentos sea muy grande [= tienda a infinito] la escalera correspondiente coincidirá con la diagonal. Dicho en otras palabras: $2 = \sqrt{2}$.

¿Dónde está el error?

9. Zenón, Aquiles y la tortuga

Durante la primera mitad del siglo V a. C. apareció en Elea, ciudad situada en el sur de Italia, una escuela filosófica[2]. Parménides fue su fundador y Zenón (ca. 490 a. C.-ca. 425 a. C.) una de sus figuras más representativas.

Zenón de Elea

Ninguna de las obras de Zenón ha llegado hasta nosotros. Lo que conocemos de su doctrina es material de segunda mano, transmitido principalmente por Aristóteles (384 a. C.-322 a. C.).

La figura de Zenón de Elea ocupa un lugar importante en la historia de la ciencia debido a sus famosas paradojas. En palabras del historiador José Babini, las paradojas de Zenón fueron *críticas dirigidas a demostrar lo absurdo de las concepciones pitagóricas que hacían de los cuerpos suma de puntos, del tiempo suma de instantes, y del movimiento suma de pasajes de un punto a otro.*

2 Los miembros de dicha escuela se conocen con el nombre de eleatas.

Entre las paradojas de Zenón, la más popular es la de Aquiles y la tortuga. Aquiles, el de los pies ligeros, nunca podrá dar alcance a una lenta tortuga, aunque la velocidad de aquel sea muy superior a la del simpático quelonio. Cuando Aquiles llegue al punto desde el que partió la tortuga, ésta habrá avanzado una determinada distancia. Después, Aquiles deberá cubrir dicha distancia; mientras tanto, la tortuga habrá tomado ventaja sobre él. Es claro que este proceso puede repetirse *ad infinitum*, con lo que el rápido corredor nunca alcanzará al animal.

Para explicar esta paradoja es preciso recurrir al concepto de límite de una sucesión de números reales. De este modo se puede comprender que la suma de infinitos tramos cuyas longitudes tienden a cero no es infinita, y que el tiempo necesario para recorrerlos tampoco es infinito.

La paradoja de Aquiles y la tortuga (Dibujos de José A. Canteras. Viaje gráfico por el mundo de las Matemáticas II*)*

Sin pérdida de generalidad supongamos que la ventaja inicial de la tortuga sobre Aquiles es D y que la velocidad de éste es doble de la de aquella.

En esta situación, los espacios recorridos por Aquiles y la tortuga en las sucesivas etapas de la persecución se detallan en la siguiente tabla:

	1ª etapa	2ª etapa	3ª etapa	4ª etapa	...	Enésima etapa	...
Aquiles	D	D/2	D/4	D/8	...	$D/2^{n-1}$	...
Tortuga	D/2	D/4	D/8	D/16	...	$D/2^{n}$	...

Entonces, el espacio total recorrido por Aquiles viene dado por:

$$D + \frac{D}{2} + \frac{D}{4} + \frac{D}{8} + \dots$$

Por otro lado, la distancia cubierta por la tortuga es:

$$\frac{D}{2} + \frac{D}{4} + \frac{D}{8} + \frac{D}{16} + \dots$$

Teniendo en cuenta que la suma S_∞ de los infinitos términos de una progresión geométrica cuyo primer término es a_1 y cuya razón es r [r < 1] es igual a:

$$S_\infty = \lim_{n\to\infty} \frac{a_1 - a_1 r^{n-1}}{1 - r} = \frac{a_1}{1 - r},$$

resulta que los espacios s_A y s_t, recorridos por Aquiles y la tortuga, son:

$$S_A = \frac{D}{1 - \frac{1}{2}} = 2D$$

$$S_t = \frac{\frac{D}{2}}{1 - \frac{1}{2}} = D$$

Llegados a este punto, resulta claro que si **t** es el tiempo en que Aquiles recorre la distancia D, entonces el tiempo en que Aquiles alcanza a la tortuga es **2t**.

DE CÓMO 4 ES IGUAL A 5

El paso incorrecto es:

$$\left(4-\frac{9}{2}\right)^2=\left(5-\frac{9}{2}\right)^2 \Rightarrow 4-\frac{9}{2}=5-\frac{9}{2}$$

dado que, en general, de $x^2 = y^2$ se deduce que $x = y$ o $x = -y$.

DE CÓMO CUALQUIER NÚMERO ES IGUAL A SU DOBLE

El paso incorrecto es:

$$(x+y)(x-y)=y(x-y) \Rightarrow x+y=y$$

dado que, en general, de $a \times 0 = b \times 0$ no se deduce que $a = b$.

LOGARITMOS Y DESIGUALDADES

Se sabe que si se multiplican los dos miembros de una desigualdad por un número negativo, la desigualdad cambia de sentido.

Entonces, como $log\left(\frac{1}{2}\right) < 0$, el paso incorrecto es:

$$3>2 \Rightarrow 3 \cdot log\left(\frac{1}{2}\right) > 2 \cdot log\left(\frac{1}{2}\right)$$

OTRA PARADOJA LOGARÍTMICA

Dado que la función logaritmo sólo está definida en el intervalo $(0, +\infty)$, el error se comete al escribir la igualdad:

$$2 \cdot log(-1) = 2 \cdot log(1)$$

UNA PARADOJA INTEGRAL

El error está en no tener en cuenta las constantes de integración.

En efecto:

$$I=\int senx\ cosx\ dx=\int senx\ (cosx\ dx)=\int senx\ d(senx)=\frac{sen^2 x}{2}+C_1 \quad [1]$$

$$I=\int senx\ cosx\ dx=\int cosx\ (senx\ dx)=-\int cosx\ (-senx\ dx)=$$
$$=-\int cosx\ d(cosx)=-\frac{cos^2 x}{2}+C_2 \quad [2]$$

A partir de las igualdades [1] y [2] resulta que:

$$\frac{sen^2 x}{2} + C_1 = -\frac{cos^2 x}{2} + C_2 \Rightarrow \frac{sen^2 x}{2} + \frac{cos^2 x}{2} = C_2 - C_1 \Rightarrow$$
$$sen^2 x + cos^2 x = 2(C_2 - C_1)$$

Como $sen^2 x + cos^2 x = 1$, se debe cumplir que:

$$2(C_2 - C_1) = 1 \Rightarrow C_2 - C_1 = \frac{1}{2} \Rightarrow C_2 = C_1 + \frac{1}{2}$$

¿MAGIA O GEOMETRÍA?

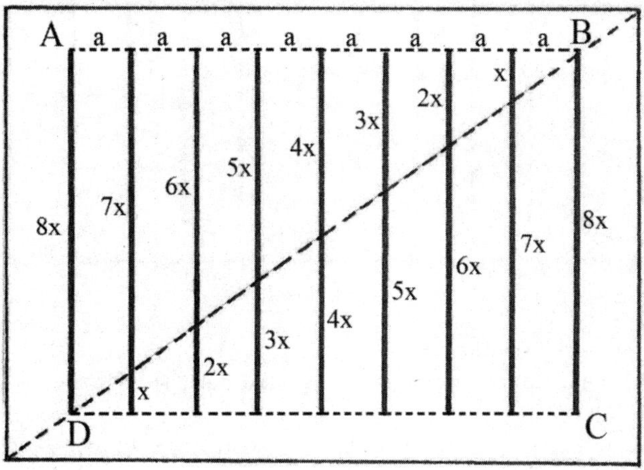

En el diagrama anterior los triángulos rectángulos ABD y CDB son iguales.

Además, teniendo en cuenta nociones básicas de semejanza de triángulos, resulta que:

(i) Las longitudes de las porciones de las varillas situadas por encima de la diagonal BD son (contando de derecha a izquierda) x, 2x, 3x, 4x, 5x, 6x, 7x, 8x.

(ii) Las longitudes de las porciones de las varillas situadas por debajo de la diagonal BD son (contando de izquierda a derecha) x, 2x, 3x, 4x, 5x, 6x, 7x, 8x.

(iii) El segmento rectilíneo BD queda dividido por las varillas en ocho partes de la misma longitud.

En consecuencia, al desplazar el triángulo superior de la cartulina sobre el inferior (véase la figura siguiente), las ocho varillas que aparecen tienen una longitud igual a 9x [= un octavo más de la longitud de cada una de las nueve varillas originales].

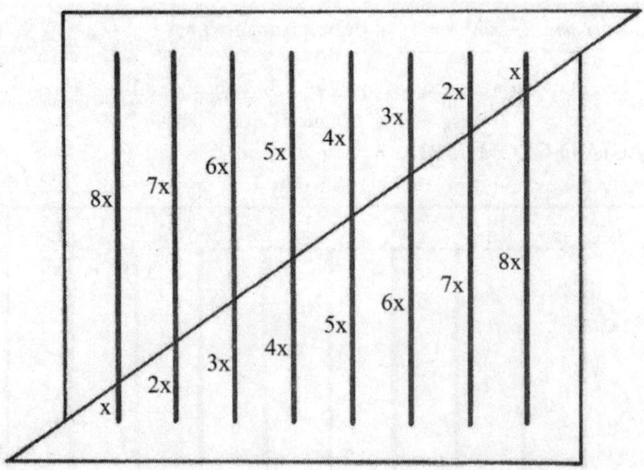

En otras palabras:

La suma de las longitudes de las nueve varillas originales es 9 · 8x = 72x.

La suma de las longitudes de las ocho nuevas varillas es 8 · 9x = 72x.

Por tanto, la suma de las longitudes de las varillas se mantiene constante.

Por consiguiente, no ha desaparecido ninguna varilla.

PARADOJA GEOMÉTRICA (64 = 65)

En palabras de E. Lucas:

> La explicación de esta paradoja es fácil. Hemos supuesto que los lados de las piezas que se colocan a lo largo de la diagonal del rectángulo coinciden con ella; pero esto no es así, dado que dejan entre ellas un espacio vacío equivalente a una casilla. La ilusión producida resulta de la pequeña diferencia que existe entre la inclinación de la diagonal del rectángulo de lados 5 y 13 y la inclinación de la diagonal del rectángulo de lados 3 y 8. En

efecto, estas dos inclinaciones son, respectivamente, $\frac{5}{13}$ y $\frac{3}{8}$, cuya diferencia es $\frac{5}{13} - \frac{3}{8} = \frac{1}{104}$

Los números 5, 8, 13 pertenecen a la sucesión:

0, 1, 1, 2, 3, 5, 8, 13, 21, 34, 55, 89...

que se obtiene sumando sucesivamente dos términos consecutivos. Esta sucesión fue utilizada por primera vez por Leonardo Fibonacci, de Pisa, matemático del siglo XIII.

En ella, el cuadrado de un término cualquiera disminuido en el producto de los términos que lo comprenden es igual alternativamente a 1 y a –1.

Dado que:

$$8^2 - 5 \cdot 13 = -1$$
$$21^2 - 13 \cdot 34 = -1$$
$$55^2 - 34 \cdot 89 = -1$$
$$\ldots\ldots\ldots\ldots$$

se podrá reemplazar el cuadrado de 8 unidades de lado por los cuadrados de 21 y 55 unidades de lado y se obtendrán figuras paradójicas de mayor aproximación.

Comentario

En el diagrama adjunto puede apreciarse el hueco que dejan las cuatro piezas al acoplarse para formar el rectángulo 5 x 13.

Resulta obvio que el área del hueco es igual a:

65 – 64 = (área del rectángulo 5 x 13) – (área del cuadrado 8 x 8) = 1

Con esto se explica la desaparición de una casilla.

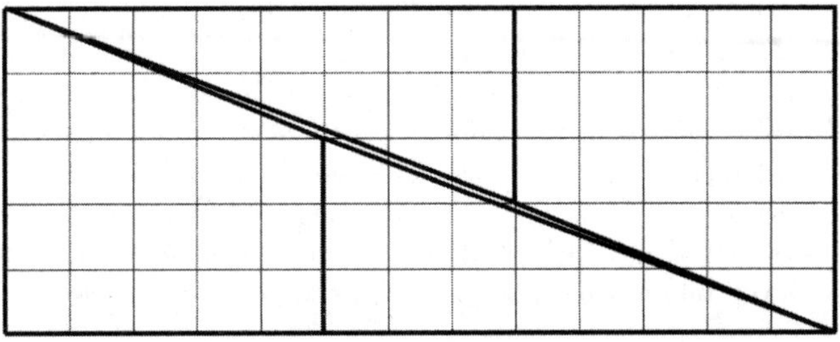

DIAGONAL ESCALONADA ($2 = \sqrt{2}$)

La longitud de cualquier escalera, independientemente del número de segmentos rectilíneos que la compongan, es igual a 2.

Teniendo en cuenta este hecho, el error cometido proviene de admitir que, cuando la sucesión de escaleras se aproxima a la diagonal [en otras palabras: cuando la forma de las escaleras se parece cada vez más a un segmento rectilíneo], la longitud de las escaleras varía.

Referencias bibliográficas

BABINI, J. (1969). *Historia sucinta de la matemática.* Madrid: Espasa Calpe, S. A.

FALLETTA, N. (1986). *Paradojas y juegos.* Barcelona: Editorial Gedisa, S. A.

HEVES, H. (1983). *An introduction to the history of mathematics* (5ª edición). Philadelphia: Saunders College Publishing.

LUCAS, E. (1891-1894). Récréations Mathématiques (2ª edición). París: Gauthier-Villars et fils. Imprimeurs-Libraires.

MEAVILLA, V. y CANTERAS. J. A. (1985). *Viaje gráfico por el mundo de las matemáticas II.* Zaragoza: I.C.E. Universidad de Zaragoza.

MEAVILLA SEGUÍ, V. (2011). *El lobo, la cabra y la col.* Córdoba: Almuzara.

RODRÍGUEZ ANNONI, R. (1959). *Al margen de la clase.* Zaragoza: Edit. Librería General.

Capítulo 11

Dividir con criterio

Cuando la división $a : b$ de dos números naturales es exacta [$a = b \cdot c$] se dice que a es *múltiplo* de b, que b es *divisor* de a o que a es *divisible* por b.

Así, por ejemplo, 24 es múltiplo de 6, 6 es divisor de 24 y 24 es divisible por 6.

Las reglas que permiten reconocer si un número es divisible por otro, sin necesidad de efectuar la división, se llaman *criterios de divisibilidad.*

En los siguientes parágrafos deduciremos los criterios de divisibilidad relativos a los números 2, 3, 4, 5, 6, 7, 8, 9, 10 y 11, utilizando la propiedad fundamental del sistema de numeración decimal.

PROPIEDAD FUNDAMENTAL DEL SISTEMA DECIMAL

Cualquier número natural se puede escribir en la forma:

$$a_0 + a_1 \cdot 10 + a_2 \cdot 10^2 + a_3 \cdot 10^3 + \ldots + a_n \cdot 10^n$$

donde a_0, a_1, a_2, a_3, …, a_n son números naturales de una cifra.

Por ejemplo:

$$7324 = 7 \cdot 10^3 + 3 \cdot 10^2 + 2 \cdot 10 + 4$$

1. Divisibilidad por 2

Sin pérdida de generalidad consideremos el número natural *abcd* de cuatro cifras.

Sabemos que:

$$abcd = a \cdot 10^3 + b \cdot 10^2 + c \cdot 10 + d$$

Además:

$$abcd = a \cdot 10^3 + b \cdot 10^2 + c \cdot 10 + d = a(500 \cdot 2) + b(50 \cdot 2) + c(5 \cdot 2) + d \Rightarrow$$

$$abcd = 2(500a) + 2(50b) + 2(5c) + d = 2(500a + 50b + 5) + d \Rightarrow$$

$$abcd = (\textit{múltiplo de } 2) + d$$

Es decir:

El número *abcd* es igual a un múltiplo de 2 más la cifra de sus unidades.

En general:

Cualquier número natural se puede expresar como la suma de un múltiplo de 2 y la cifra de sus unidades.

De aquí se deduce fácilmente que:

> *Un número natural es múltiplo de 2* [= divisible por 2] *cuando la cifra de sus unidades es 0 o un número par.*

2. Divisibilidad por 3

```
1000000......|3
 10           333......
  10
   10
    .
    .
    .
```

A partir de la división anterior, resulta claro que:

$$10 = 3 \cdot 3 + 1$$
$$10^2 = 33 \cdot 3 + 1$$
$$10^3 = 333 \cdot 3 + 1$$
$$10^4 = 3333 \cdot 3 + 1$$
$$\ldots\ldots\ldots\ldots\ldots\ldots$$

Sea *abcde* un número natural de cinco cifras.

Entonces:

$$abcde = a \cdot 10^4 + b \cdot 10^3 + c \cdot 10^2 + d \cdot 10 + e =$$

$$= a(3333 \cdot 3 + 1) + b(333 \cdot 3 + 1) + c(33 \cdot 3 + 1) + d(3 \cdot 3 + 1) + e =$$

$$= 3(3333a) + a + 3(333b) + b + 3(33c) + c + 3(3d) + d + e =$$

$$= 3(3333a + 333b + 33c + 3d) + a + b + c + d + e =$$

$$= (\textit{múltiplo de } 3) + a + b + c + d + e$$

Es decir:

El número natural *abcde* es igual a un múltiplo de 3 más la suma de sus cifras.

En general:

Cualquier número natural es igual a un múltiplo de 3 más la suma de sus cifras.

De aquí resulta que:

> *Un número natural es múltiplo de 3* [= es divisible por 3] *cuando la suma de sus cifras es un múltiplo de 3* [= es divisible por 3].

3. Divisibilidad por 4

Razonando como en el caso anterior, consideremos la siguiente división:

```
1000000......|4
 20          2500......
  00
   .
    .
     .
```

Si *abcd* es un número natural de cuatro cifras, resulta que:

$$abcd = a \cdot 10^3 + b \cdot 10^2 + c \cdot 10 + d = a(250 \cdot 4) + b(25 \cdot 4) + c(2 \cdot 4 + 2) + d$$

$$= 4(250a) + 4(25b) + 4(2c) + 2c + d = 4(250a + 25b + 2c) + 2c + d =$$

$$= (\textit{múltiplo de } 4) + 2c + d$$

Es decir:

El número natural *abcd* es igual a un múltiplo de 4 más el doble de la cifra de sus decenas, más la cifra de sus unidades.

En general:

Cualquier número natural es igual a un múltiplo de 4 más el doble de la cifra de sus decenas, más la cifra de sus unidades.

De aquí resulta que:

> *Un número natural es múltiplo de 4* [= es divisible por 4] *cuando el doble de la cifra de sus decenas, más la cifra de sus unidades es un múltiplo de 4* [= es divisible por 4].

4. Divisibilidad por 5

Sea *abcde* un número natural de cinco cifras.

$$abcde = a \cdot 10^4 + b \cdot 10^3 + c \cdot 10^2 + d \cdot 10 + e =$$

$$= a(2000 \cdot 5) + b(200 \cdot 5) + c(20 \cdot 5) + d(2 \cdot 5) + e =$$

$$= 5(2000a + 200b + 20c + d) + e = (\textit{múltiplo de } 5) + e$$

Es decir:

El número natural *abcde* es igual a un múltiplo de 5 más la cifra de sus unidades.

En general:

Cualquier número natural es igual a un múltiplo de 5 más la cifra de sus unidades.

De aquí resulta que:

> *Un número natural es múltiplo de 5* [= es divisible por 5] *cuando la cifra de sus unidades es 0 o 5.*

5. Divisibilidad por 6

$$\begin{array}{l|l} 1000000\ldots\ldots & \underline{6\qquad} \\ \ \ 40 & 1666\ldots\ldots \\ \ \ \ \ 40 & \\ \ \ \ \ \ \ 40 & \\ \ \ \ \ \ \ \ \ \cdot & \\ \ \ \ \ \ \ \ \ \ \ \cdot & \end{array}$$

Teniendo en cuenta el desarrollo de la división anterior resulta claro que:

$$10 = 1 \cdot 6 + 4$$
$$10^2 = 16 \cdot 6 + 4$$
$$10^3 = 166 \cdot 6 + 4$$
$$10^4 = 1666 \cdot 6 + 4$$
$$\ldots\ldots\ldots\ldots\ldots\ldots$$

Sea *abcde* un número natural de cinco cifras.

Entonces:

$$abcde = a \cdot 10^4 + b \cdot 10^3 + c \cdot 10^2 + d \cdot 10 + e =$$

$$= a(1666 \cdot 6 + 4) + b(166 \cdot 6 + 4) + c(16 \cdot 6 + 4) + d(1 \cdot 6 + 4) + e =$$

$$= 6(1666a) + 4a + 6(166b) + 4b + 6(16c) + 4c + 6d + 4d + e =$$

$$= 6(1666a + 166b + 16c + d) + 4(a + b + c + d) + e =$$

$$(\textit{múltiplo de } 6) + 4(a + b + c + d) + e$$

Es decir:

El número natural *abcde* es igual a un múltiplo de 6 más la cifra de sus unidades, más el cuádruplo de la suma de todas sus demás cifras.

En general:

Cualquier número natural es igual a un múltiplo de 6 más la cifra de sus unidades, más el cuádruplo de la suma de todas sus demás cifras.

De aquí resulta que:

> *Un* número natural es múltiplo de 6 [= es divisible por 6] *cuando la cifra de sus unidades, más el cuádruplo de la suma de todas sus demás cifras es múltiplo de 6* [= es divisible por 6].

6. Divisibilidad por 7

Las divisiones siguientes muestran los restos obtenidos al dividir por 7 las sucesivas potencias de diez. Algunos de ellos son negativos y se obtienen aumentando en una unidad el cociente entero.

10 |7	100 |7	1000 |7
3 1	30 14	30 143
	2	20
		−1

10000 |7	100000 |7	1000000 |7
30 1429	30 14286	30 142857
20	20	20
60	60	60
−3	40	40
	−2	50
		1

Resulta claro que, a partir de aquí, se repiten los restos de las sucesivas divisiones.

Con esto, se tiene que[1]:

$$
\begin{aligned}
10 &= \dot{7} + 3 \\
10^2 &= \dot{7} + 2 \\
10^3 &= \dot{7} - 1 \\
10^4 &= \dot{7} - 3 \\
10^4 &= \dot{7} - 2 \\
10^6 &= \dot{7} + 1 \\
&\ldots\ldots\ldots\ldots
\end{aligned}
$$

Sea *abcdefg* un número natural de siete cifras.

Entonces:

$$abcdefg = a \cdot 10^6 + b \cdot 10^5 + c \cdot 10^4 + d \cdot 10^3 + e \cdot 10^2 + f \cdot 10 + g =$$

$$= a(\dot{7} + 1) + b(\dot{7} - 2) + c(\dot{7} - 3) + d(\dot{7} - 1) + e(\dot{7} + 2) + f(\dot{7} + 3) + g =$$

$$= \dot{7} \cdot a + \dot{7} \cdot b + \dot{7} \cdot c + \dot{7} \cdot d + \dot{7} \cdot e + \dot{7} \cdot f + a - 2b - 3c - d + 2e + 3f + g =$$

$$= \dot{7} + a - (2b + 3c + d) + (2e + 3f + g)$$

Procediendo de forma similar con un número natural *abcdefghi* de nueve cifras, obtendríamos:

$$abcdefgi = \dot{7} + (2a + 3b + c) - (2d + 3e + f) + (2g + 3h + i)$$

A partir de los dos resultados anteriores, descomponiendo los números considerados en periodos de tres cifras (empezando por la derecha), afirmamos que: Todo número natural es igual a un múltiplo de 7 aumentado en la suma de los productos de las unidades, decenas y centenas de los periodos de tres cifras de lugar impar, a partir de la derecha, por 1, por 3 y por 2, respectivamente, y disminuidos en la suma de los productos por los mismos números de las unidades, decenas y centenas de los periodos de lugar par.

1 El símbolo $\dot{7}$ se lee «múltiplo de siete».

Con esto:

Un número natural es múltiplo de 7 [= divisible por 7] *cuando la diferencia entre la suma de los productos de las unidades, decenas y centenas de los periodos de tres cifras de lugar impar, a partir de la derecha, multiplicados por 1, por 3 y por 2, respectivamente, y la suma de los productos de las unidades, decenas y centenas de los periodos de lugar par por los mismos números, sea múltiplo de 7* [= divisible por 7].

7. Divisibilidad por 8

```
1000000...... |8
 20            1250......
  40
   00
    .
     .
```

Atendiendo al desarrollo de la división anterior, resulta que:

$$10 = 1 \cdot 8 + 2$$
$$10^2 = 12 \cdot 8 + 4$$
$$10^3 = 125 \cdot 8$$
$$10^4 = 1250 \cdot 8$$
$$\ldots\ldots\ldots\ldots$$

Sea *abcde* un número natural de cinco cifras.
Entonces[2]:

$$abcde = a \cdot 10^4 + b \cdot 10^3 + c \cdot 10^2 + d \cdot 10 + e =$$

$$= a(1250 \cdot 8) + b(125 \cdot 8) + c(12 \cdot 8 + 4) + d(1 \cdot 8 + 2) + e =$$

$$= 8(1250a) + 8(125b) + 8(12c) + 4c + 8d + 2d + e =$$

$$= 8(1250a + 125b + 12c + d) + 4c + 2d + e = \dot{8} + 4c + 2d + e$$

2 El símbolo $\dot{8}$ que aparece al final de la cadena de igualdades se lee «múltiplo de 8». En general, $\dot{n}$ (siendo n un número natural) se lee «múltiplo de n».

Es decir:

El número natural *abcde* es igual a un múltiplo de 8 más la cifra de sus unidades, más el doble de sus decenas, más el cuádruplo de sus centenas.

En general:

Cualquier número natural es igual a un múltiplo de 8 más la cifra de sus unidades, más el doble de sus decenas, más el cuádruplo de sus centenas.

De aquí resulta que:

> *Un* número natural es múltiplo de 8 [= es divisible por 8] *cuando la cifra de sus unidades, más el doble de sus decenas, más el cuádruplo de sus centenas es múltiplo de 8* [= es divisible por 8].

8. Divisibilidad por 9

$$\begin{array}{l|l} 1000000\ldots\ldots & 9 \\ \cline{2-2} \ \ 10 & 1111\ldots\ldots \\ \ \ \ \ 10 & \\ \ \ \ \ \ \ 10 & \\ \ \ \ \ \ \ \ \ . & \\ \ \ \ \ \ \ \ \ \ \ . & \\ \ \ \ \ \ \ \ \ \ \ \ \ . & \end{array}$$

A partir de la división precedente se tiene que:

$$10 = 1 \cdot 9 + 1$$
$$10^2 = 11 \cdot 9 + 1$$
$$10^3 = 111 \cdot 9 + 1$$
$$10^4 = 1111 \cdot 9 + 1$$
$$\ldots\ldots\ldots\ldots$$

Sea *abcde* un número natural de cinco cifras.

Entonces:

$$abcde = a \cdot 10^4 + b \cdot 10^3 + c \cdot 10^2 + d \cdot 10 + e =$$

$$= a(1111 \cdot 9 + 1) + b(111 \cdot 9 + 1) + c(11 \cdot 9 + 1) + d(1 \cdot 9 + 1) + e =$$

$$= 9(1111a) + a + 9(111b) + b + 9(11c) + c + 9d + d + e =$$

$$= 9(1111a + 111b + 11c + d) + a + b + c + d + e = \dot{9} + a + b + c + d + e$$

Es decir:

El número natural *abcde* es igual a un múltiplo de 9 más la suma de sus cifras.

En general:

Cualquier número natural es igual a un múltiplo de 9 más la suma de sus cifras.

Por tanto:

Un número natural es múltiplo de 9 [= es divisible por 9] *cuando la suma de sus cifras es un múltiplo de 9* [= es divisible por 9].

9. Divisibilidad por 10

Sea *abcdef* un número natural de seis cifras.

Entonces:

$$abcdef = a \cdot 10^5 + b \cdot 10^4 + c \cdot 10^3 + d \cdot 10^2 + e \cdot 10 + f =$$

$$= 10(a \cdot 10^4 + b \cdot 10^3 + c \cdot 10^2 + d \cdot 10 + e) + f = \dot{10} + f$$

Es decir:

El número natural *abcdef* es igual a un múltiplo de 10 más la cifra de sus unidades.

En general:

Cualquier número natural es igual a un múltiplo de 10 más la cifra de sus unidades.

Por tanto:

> *Un número natural es múltiplo de 10* [= es divisible por 10] *cuando la cifra de sus unidades es cero.*

10. Divisibilidad por 11

10 |11	100 |11	1000 |11	10000 |11
–1 1	01 9	010 91	0100 909
		–1	01

A la vista de los resultados obtenidos en las divisiones precedentes resulta claro que:

$$10 = 1 \cdot 11 - 1$$
$$10^2 = 9 \cdot 11 + 1$$
$$10^3 = 91 \cdot 11 - 1$$
$$10^4 = 909 \cdot 11 + 1$$
$$\cdots\cdots\cdots\cdots$$
$$10^{2n-1} = \dot{11} - 1$$
$$10^{2n} = \dot{11} + 1$$
$$\cdots\cdots\cdots\cdots$$

Sea *abcdef* un número natural de seis cifras.
Entonces:

$$abcdef = a \cdot 10^5 + b \cdot 10^4 + c \cdot 10^3 + d \cdot 10^2 + e \cdot 10 + f =$$

$$= a(\dot{11} - 1) + b(\dot{11} + 1) + c(\dot{11} - 1) + d(\dot{11} + 1) + e(\dot{11} - 1) + f =$$

$$= a \cdot \dot{11} - a + b \cdot \dot{11} + b + c \cdot \dot{11} - c + d \cdot \dot{11} + d + e \cdot \dot{11} - e + f =$$

$$= a \cdot \dot{11} + b \cdot \dot{11} + c \cdot \dot{11} + d \cdot \dot{11} + e \cdot \dot{11} - a + b - c + d - e + f =$$

$$= \dot{11} - a + b - c + d - e + f = \dot{11} + (b + d + f) - (a + c + e)$$

Es decir:

El número natural *abcdef* es igual a un múltiplo de 11 aumentado en la suma de sus cifras de lugar impar (a partir de la derecha) y disminuido en la suma de sus cifras de lugar par.

En general:

Cualquier número natural es igual a un múltiplo de 11 aumentado en la suma de sus cifras de lugar impar (a partir de la derecha) y disminuido en la suma de sus cifras de lugar par.

Por tanto:

> *Un número natural es múltiplo de 11* [= es divisible por 11] *cuando la suma de las cifras de lugar impar menos la suma de las cifras de lugar par es múltiplo de 11* [= es divisible por 11].

Referencias bibliográficas

MEAVILLA SEGUÍ, V. (2010). *La sinfonía de Pitágoras.* Córdoba: Almuzara.

SALINAS, I. y Benítez, M. (1933). *Aritmética* (Decimotercera edición revisada). Madrid: Librería y casa editorial Hernando, S. A.

SERRET, J. A. (1881). *Tratado de Aritmética* (Sexta edición). Madrid: Imprenta y litografía de la Guirnalda.

Capítulo 12

Antología de problemas matemáticos y estrategias de resolución

A lo largo de la historia de la humanidad, las estrategias para llegar a la solución de determinados problemas matemáticos han sufrido cambios significativos.

Convencidos de que el conocimiento de dichas variaciones puede ayudar tanto a los profesores como a los alumnos, ofrecemos un catálogo de problemas y procedimientos (muchos de ellos olvidados) contenidos en viejos libros.

1. El «método de inversión»

Para resolver determinados problemas elementales, los matemáticos árabes, indios y, posteriormente, los autores occidentales, utilizaron el «método de inversión», que Aryabhata (476 d. C.) describía así:

> La multiplicación se convierte en división; la división en multiplicación; lo que era beneficio se convierte en pérdida; lo que era pérdida se convierte en ganancia; inversión.

Para comprender la aplicación del «método de inversión» presentamos dos problemas contenidos en la *Pràtica mercantíuol* (1521) del mallorquín Joan Ventallol.

Retgla.16.

¶ Troba hun nombre que moltiplicat p. 5. e pertit per. 9 na vinga 11; Fes aixi moltiplica. 9. per. 11. fa. 99. parteix per. 5. ne ve. 15. $\frac{4}{5}$ etant es lo nombre que demanam

Retgla.17.

¶ Troba hun nombre que quant tu hauras pres $\frac{1}{5}$ y de aquel quint altre $\frac{1}{5}$ y de aquel $\frac{1}{5}$ altre $\frac{1}{5}$ lo darer quint sia. 6. Fes aixi molti. 6. p. 5. fan. 30. torna moltiplicar. 30. per. 5. fan. 150. torna moltipli. 150. p 5. e seran. 750. y aquest es lo nombre que demanã

Los dos problemas de Ventallol

TRADUCCIÓN

REGLA 16

Encuentra un número que multiplicado por 5 y dividido por 9 dé 11.

Hazlo así:

Multiplica 9 por 11, resulta 99. Divide por 5, se obtiene $19\frac{4}{5}$. Tanto es el número demandado.

REGLA 17

Encuentra un número tal que si tomas $\frac{1}{5}$, y de este quinto otro $\frac{1}{5}$, y de este $\frac{1}{5}$ otro $\frac{1}{5}$, el último quinto es 6.

Hazlo así:

Multiplica 6 por 5, hacen 30. Vuelve a multiplicar 30 por 5, hacen 150. Vuelve a multiplicar 150 por 5 y serán 750. Este es el número demandado.

2. Problemas de móviles

Dentro del catálogo de problemas matemáticos elementales, unos de los más populares son aquellos en los que intervienen dos personas, animales, vegetales, planetas, trenes, etc., que, en general, se desplazan sobre una misma trayectoria animados con velocidades constantes o variables.

Estas cuestiones han ocupado un lugar destacado en los manuales dedicados a la enseñanza y el aprendizaje de las Matemáticas desde la más remota antigüedad hasta nuestros días y se conocen como *problemas de móviles.*

Hoy en día este tipo de problemas se resuelven acudiendo al lenguaje algebraico. Sin embargo, en otros tiempos, se resolvieron con la ayuda de la regla de tres.

En las líneas que siguen, ofrecemos algunos ejemplos.

PROBLEMA 1

D El primero de Abril ſe partieron dos correos, el uno de Valencia para Sevilla, y el otro de Sevilla para Valencia, camino de 84. leguas; y el que parte de Valencia camina cada dia 10. leguas, y el que parte de Sevilla camina al dia 14. leguas. Pregunto en quantos dias ſe encontraràn caminando los dos por un camino?

M. Digo que en 3. dias y medio ſe encontraràn. La regla es, que partas las 84. leguas por las 24. leguas que caminan entrambos cada dia, y ſaldràn los 3. dias y medio en que ſe encontraràn, como eſtà dicho.

[Gerónimo Cortés. *Arithmetica practica* (1724)[1]]

COMENTARIO

En un día, entre los dos correos recorren 24 leguas [= 10 + 14].

Entonces, por la regla de tres, si entre los dos correos recorren 24 leguas en un día, para recorrer 84 leguas tardarán $\frac{84}{24} = 3\frac{1}{2}$ días.

PROBLEMA 2

¶ Huna nau perteix de napols p anar en barchalona e ſa ſon cami en. 30. dies E huna altra pteix de barcalona per anar en napols e ſa ſon cami ab. 20. dies e totes. 2. pertexen en huna hora io' demā enquant temps ſe deuē encōtrar. Fes axi aiuſta. 30. he. 20. e ſā. 50 que es ptidor. Apres moltiplica. 30. per. 20. e ſerā. 600. pteix. 600. per. 50. en ve. 12. he ab. 12. dies ſe encontrarā.

[Joan Ventallol. *Pràtica mercantíuol* (1521)]

1 La primera edición de este libro es de 1604.

TRADUCCIÓN

Una nave sale de Nápoles hacia Barcelona y hace su camino en 30 días. Otra nave sale de Barcelona hacia Nápoles y hace su camino en 20 días. Las dos salen a la misma hora. Pregunto: ¿En cuánto tiempo se deben encontrar?

Hazlo así:

Suma 30 y 20, hacen 50 que es partidor [= divisor].
Después multiplica 30 por 20, y serán 600.
Divide 600 por 50 y vienen 12. En 12 días se encontrarán.

COMENTARIO

La nave que va de Nápoles a Barcelona en un día recorre 1/ 30 del trayecto.

Por otro lado, la nave que va de Barcelona a Nápoles en un día recorre 1/ 20 del trayecto.

Por tanto, entre las dos naves recorren $\frac{1}{30} + \frac{1}{20} = \frac{50}{600}$ del trayecto en un día.

Entonces, por la regla de tres, si las dos naves recorren 50 / 600 del trayecto en un día, para recorrer 600 / 600 del trayecto [= distancia entre Barcelona y Nápoles] tardarán $\frac{600}{50} = 12$ días.

PROBLEMA 3

VN hombre ſe parte de Barcelona, y camina cada dia 9. leguas, y al cabo de 5. dias ſe parte otro hombre del miſmo lugar por alcançar al primero, y al cabo de 7. dias le encontrò; lo que ſe pregunta, es ſaber quantas leguas caminava eſte ſegundo cada dia. Suma los 5. dias, con los 7. y ſeràn 12. eſtos multiplicaràs por las 9. leguas que camina el primero cada dia, y montaràn 108. los quales partiràs por los 7. dias, en los quales el ſegundo alcançò al primero, y vendràn 15. y $\frac{3}{7}$, y tantas leguas caminava el ſegundo cada dia, como por el exemplo ſiguiente ſe manifieſta.

[Andrés Puig. *Arithmetica especulativa, y practica y arte de algebra* (1672)]

COMENTARIO

Desde la salida hasta el momento del encuentro el primer hombre anduvo durante 5 + 7 = 12 días.

En dicho tiempo recorrió 12 × 9 = 108 leguas.

Desde la salida hasta el instante del encuentro el segundo hombre anduvo durante 7 días.

Entonces, por la regla de tres, si el segundo hombre en 7 días recorrió 108 leguas, en 1 día recorrió $\frac{108}{7} = 15\frac{3}{7}$ leguas.

PROBLEMA 4

D. Si oy ſe hallaſſen dos eſtrellas, ò planetas juntos , y en conjuncion, como ſabriamos por Arithmetica, ſin ſer Aſtronomos, en quanto tiempo ſe bolverian à hallar juntos , como ſucede en el preſente año, entre Jupiter, y Saturno, que ſe hallan juntos la viſpera de Navidad , el qual ajuntamiento llaman los Aſtronomos, conjuncion magna, por los grandes , y terribles efectos que ſuele cauſar, ſegun ellos dizen, y la experiencia lo demueſtra.

M. Eſſa demanda bien la pudieras aver dexado para los Aſtronomos, pues à ellos toca ; pero toda via quiero darte contento; y advierte , que primero ſe ha de ſaber quanto tiempo tarda cada eſtrella, ò planeta en darla buelta à todo ſu orbe. Y pues has hecho memoria de la magna conjuncion de Jupiter, y Saturno, propongamos el exemplo de ellos. Y ſepas que Jupiter tarda en dar la buelta à ſu orbe doze años , y Saturno al ſuyo tarda treinta años, ſegun parecer de Cardano, porque unos eſcriven que tardan mas, y otros menos; y tomando el parecer de Cardano, digo, que multipliques los 12. años de Jupiter por los 30. de Saturno, y montaràn 360. años, que partidos por 18. que es la diferencia que ay de 12. à 30. ſaldràn 20. años, y al cabo de tantos años ſe hallaràn juntos , y en conjuncion los dichos planetas , que ſerà el año de 1623. Para ſaber en que parte del Cielo, ò en q̃ ſigno ſe hallaràn juntos, partiràs 20. años por 30. y ſaldràn 2. tercios de los 12. ſignos, començando à contar de Sagitario excluſivè , en quien eſte año ſucede la magna conjuncion, que vendrà à ſer en Leon, porque del Sagitario à Leon vàn 8. ſignos, que ſon los dos tercios de los doze ſignos.

[Gerónimo Cortés. *Arithmetica practica* (1724)]

COMENTARIO

Júpiter en un año describe 1/ 12 de su órbita.

Saturno en un año recorre 1/ 30 de su órbita.

Por tanto, en un año, Júpiter «adelanta» a Saturno:

$$\frac{1}{12} - \frac{1}{30} = \frac{18}{360} = \frac{1}{20}$$

En consecuencia, por la regla de tres, para que Júpiter «adelante» a Saturno una vuelta completa (momento de la conjunción) deberán transcurrir 20 años.

3. Problemas de grifos

> Soy un león de bronce que está en el centro de un estanque. Salen chorros de agua por mis ojos, por la boca y por la planta del pie derecho. El chorro del ojo derecho llenaría, por sí solo, el estanque en dos días; el del izquierdo en tres; el del pie, en cuatro, y el de la boca en seis. ¿En cuánto tiempo se llena el estanque con los cuatro chorros?
>
> [*Antología griega.* (ca. 500 d. C.)]

El enunciado anterior es un ejemplo de un grupo de problemas conocidos como «problemas de grifos».

Con el tiempo, estas cuestiones han adoptado diversos formatos: (i) animales que se comen a otro, (ii) trabajadores que realizan una determinada tarea, (iii) molinos que muelen grano, (iv) botas de vino con varias boquillas, (v) bebedores que beben juntos, (vi) barcos con varias velas, etc.

> (i) *Un león se comería una oveja en cuatro horas; un leopardo, en cinco horas y un oso en seis. Pregunto: ¿En cuánto tiempo se la comerían entre los tres?*
>
> [Leonardo de Pisa (Fibonacci). *Liber Abaci* (1202)]

(ii) *El Rey nuestro Señor mandó hacer una fortaleza, por lo cual mandó llamar tres oficiales; el primero de los cuales con su gente, se obligó hacerla en 20 meses; el segundo en 15 meses; y el tercero en 12 meses. Pregúntase (para que sea hecha con menos tiempo) trabajando los tres oficiales juntos, ¿dentro de cuántos meses la tendrán acabada?*

[Andrés Puig. *Arithmetica especulativa, y practica y arte de algebra* (1672)]

(iii) *En un molino hay tres muelas. La primera muele en tres horas 4 barcellas; la segunda, en cinco horas 8 barcellas; y la tercera, en seis horas 9 barcellas. Un mercader envía al molino* $66\frac{1}{2}$ *barcellas, para que las moliesen. Demando, ¿en cuántas horas molerán el dicho trigo con tal condición que juntas las muelas comiencen y juntas acaben de moler?*

[Marco Aurel. *Libro primero, de Arithmetica Algebratica* (1552)

(iv) *Es una tinaja la cual cabe 325 cántaros de vino y tiene hechas tres canillas por tal compás que si abren la una saldrá todo el vino en tres días; y si destapan la segunda saldrá todo el vino en dos días; y si destapan la tercera saldrá todo en un día. Pregunto: Si destapasen todas las tres canillas, ¿en cuánto tiempo saldrá todo el vino de la tinaja?*

[Juan de Icíar. *Libro intitulado Arithmetica practica* (1549)]

(v) *Un hombre se bebe un tonel de vino en 20 días, pero si su mujer bebe con él, sólo tardan 14 días en bebérselo. ¿En cuánto tiempo se lo bebería la mujer sola?*

[Gemma Frisius. *Arithmeticae Practicae Methodus Facilis* (1540)]

> (vi) *Es una nave que tiene dos velas diferentes, la cual alzando la vela menor hace su viaje en 15 días, y alzando la vela mayor, lo hace en 10 días. Pregunto, si entrambas se alzasen juntas, ¿en cuántos días haría la nave su viaje?*
>
> [Gerónimo Cortés. *Arithmetica practica* (1724)]

Después de esta breve ojeada a algunas de las variantes de los «problemas de grifos», presentamos las soluciones de varios autores a cuestiones de este tipo. Ofrecemos tres ejemplos en los que se utiliza la regla de tres como procedimiento de resolución.

PRIMER EJEMPLO

D. Un Capitan mandò llamar quatro Maeſtros de axa, y dixoles: en quanto tiempo ſe atreve cada uno de voſotros à hazerme una nave? y reſponde el uno, que en 6.meſes, y el otro que en 4. meſes, y el tercero que en 3.meſes, y el quarto que en 2. meſes. Pregunto, ſi los quatro Maeſtros ſe puſieran à trabajar juntos en dicha nave, en quanto tiempo la darian acabada?

M. Digo que la acabarian en 24.dias. La regla es,que tomes un numero en quien quepan 6. 4. 3. y 2. que ſerà 12. en el qual cabran eſtos otros quatro numeros 2. 3. 4. y 6. que juntos ſon 15. y diràs: Si 15. vezes ſe acabaria de hazer la nave en 12. meſes, una ſola vez en quanto tiempo ſe acabaria, y hallaràs los dias que tengo dichos, que ſon 24.

[Gerónimo Cortés. *Arithmetica practica* (1724)]

COMENTARIO

En esencia, la estrategia de Cortés es la siguiente:

En primer lugar, calcula el mínimo común múltiplo de 6, 4, 3 y 2 [= 12].

Después, calcula el número de naves que haría cada maestro en 12 meses.

Si el primer maestro hace una nave en 6 meses, en 12 hará 2 naves.

Si el segundo maestro hace una nave en 4 meses, en 12 hará 3 naves.

Si el tercer maestro hace una nave en 3 meses, en 12 hará 4 naves.

Si el cuarto maestro hace una nave en 2 meses, en 12 hará 6 naves.

En consecuencia, entre los cuatro maestros harán 15 naves en 12 meses.

Entonces, si en 12 meses hacen 15 naves, para hacer una tardarán 12/15 meses.

SEGUNDO EJEMPLO

534. Question 34. En el fondo de una cisterna ay tres caños desiguales; abierto solo el mayor, sale toda el agua en dos horas; abierto solo el mediano sale toda el agua en 3. horas; abierto solo, el menor se vacia la cisterna en 8. horas preguntase en quanto tiempo se vaciará toda el agua, si desde el principio hasta el fin sale por todos los tres caños.

Busquese por regla de tres la parte de cisterna que vaciará cada caño en una hora, deste modo: si el caño mayor en 2. horas vacia una cisterna; luego en una hora vaclarà media. Otra vez: Si el caño mediano en 3. horas vacia una cisterna; luego en una hora vaciará un tercio. Otra vez: si el caño menor en 8. horas vacia una cisterna; luego en una hora vaciarà un octavo.

Estas mismas partes de la cisterna, que cada caño vacia en una hora se pueden conocer facilmente sin hacer regla de tres, poniendo el tiempo (quando es numero entero) en que cada caño vacia la cisterna por denominador de un quebrado, cuyo numerador es la unidad, como consta claramente de las operaciones antecedentes; porque como en cada regla de tres el segundo, y tercero termino son la unidad la qual no aumenta la multiplicacion; asi multiplicando segundo por tercer termino, el producto es 1. el qual partido por el primer termino, es el numero de las horas, hace quebrado en la forma referida.

Hecho esto, reduzganse los quebrados $\frac{1}{2}$, $\frac{1}{3}$, $\frac{1}{8}$, á un comun denominador, y seràn 24. 48. avos, 16. 48. avos, 6. 48. avos, cuya suma 46. 48. avos señalará las partes de la cisterna que vacian los tres caños en una hora. Digase aora: Si 46. dan 1. hora; luego 48. que es el denominador, darán una hora, y 1. 23. avos; y en tanto tiempo se vaciará la cisterna.

Para saber la parte de agua que vaciará cada caño, digase: Si, en una hora vacia el caño mayor media cisterna; luego en una horà y 1. 23. avos vaciará 12 23. avos. Otra vez Si en una hora vacia el caño mediano un tercio de cisterna; luego en una hora, y 1. 23. avos vaciará 8. 23. avos. Otra vez: Si en una hora vacia el caño menor un octavo de cisterna; luego en una hora, y 23. aves vaciará 3. 23. avos.

[Juan Bautista Corachán. *Arithmetica demonstrada theorico-practica para lo mathematico y mercantil* (1719)[2]]

2 La primera edición de esta obra es de 1699.

COMENTARIO

El caño mayor en una hora vacía 1/2 de la cisterna [= 24/48 de cisterna].

El caño mediano en una hora vacía 1/3 de la cisterna [= 16/48 de cisterna].

El caño menor en una hora vacía 1/8 de la cisterna [= 6/48 de cisterna].

En consecuencia, entre los tres caños en una hora vacían:

$$\frac{24}{48}+\frac{16}{48}+\frac{6}{48}=\frac{46}{48} \text{ de la cisterna}$$

Por tanto, si entre los tres caños en una hora vacían 46/48 de la cisterna, para vaciar 48/48 de la cisterna [= cisterna completa] tardarán 48/46 horas [= $1\frac{1}{23}$ horas].

Para saber el agua que ha salido por cada caño, Corachán vuelve a aplicar la regla de tres:

Si el caño mayor en una hora vacía 1/2 de la cisterna, en $1\frac{1}{23}$ horas vaciará $\frac{12}{23}$ de la cisterna.

Si el caño mediano en una hora vacía 1/3 de la cisterna, en $1\frac{1}{23}$ horas vaciará $\frac{8}{23}$ de la cisterna.

Si el caño menor en una hora vacía 1/8 de la cisterna, en $1\frac{1}{23}$ horas vaciará $\frac{3}{23}$ de la cisterna.

TERCER EJEMPLO

Si 4. Flamencos en 3. dias ſe beben 10. cantaros de vino, y 5. Eſpañoles en 6. dias ſe beben 20. cantaros, preguntaſe bebiendo todos juntos, en quanto tiempo ſe beberàn una bota de 60. cantaros. Para reſponder à eſta dificultad, miro los Eſpañoles quanto vino ſe beberàn en los 3. dias de los Flamencos, por una regla de 3. diziendo: ſi en 6. dias beben los Eſpañoles 20. cantaros, en 3. dias quantos ſe beberàn; ſigo la regla de tres ordinaria, y hallo que ſe beberàn 10. cantaros en los 3. dias los dichos 5. Eſpañoles; y otros 10. cantaros que ſe beben los 4. Flamencos, ſon 20. cantaros, de ſuerte, q̃ los 9. brindadores juntos ſe beben en 3. dias 20. cant. Pues ordeno otra regla 3. diziendo: ſi 20. cant. ſon bebidos en 3. dias, pregunto 60. cant. en quantos dias ſeràn bebidos; ſigo la regla, y hallo que en 9. dias ſeràn bebidos los dichos 60. cantaros de vino, por todos los 9. hombres juntos, eſto es, por los 4. Flamencos, y 5. Eſpañoles. Y note el curioſo eſta regla, pues ella lo es.

[Gerónimo Cortés. *Arithmetica practica* (1724)]

COMENTARIO
Nótese que el número de flamencos y españoles es irrelevante para la resolución del problema.

4. Cien pájaros con problemas

> VN hombre quiere eſmerçar 36.reales en 36.cabeças de volateria, conviene à ſaber en capones à 4. reales cada vno, en gallinas à 3. reales cada vna, y en mierlas à 6. dineros cada vna; preguntaſe quantas cabeças comprarà de cada eſpecie; para que ſean juſtamente 36. cabeças, y valgan juſtamente 36. reales. No me quiero entretener en la explicacion de la regla, por no eſtar fundada con reglas generales, como muchos Arithmeticos enſeñan. Solamente te quiero dezir, que pueda cõprar 5.capones 3 galinas,y 28. mierlas; como puedes probar.

El problema anterior, extraído de la *Arithmetica especulativa, y practica y arte de algebra* (1672) de Andrés Puig, pertenece a una categoría de problemas indeterminados cuyos enunciados verbales se pueden traducir algebraicamente a dos ecuaciones lineales con tres incógnitas. Dado que en muchos de ellos intervienen cien aves de tres especies diferentes, dichos problemas se conocen por el nombre de «problemas de los cien pájaros».

Aunque en la edición de 1672 Puig no explica el procedimiento que conduce a la solución del problema de los capones, gallinas y mierlas, en la cuarta impresión de su «Aritmética» ofrece una resolución razonada de un problema similar concerniente a hombres, mujeres y niños.

EL PROBLEMA

> ☞ Aunque los Autores que proponen ſemejantes queſtiones, parece que lo reſuelven tanteando, no por eſſo dexa de ſer con regla cierta general, y verdadera, porque con el tal modo de obrar ſe enſeña, y declara ſi la reſpueſta de lo que ſe propone, puede, ò no puede ſer, y ſi la pregunta tiene diferentes reſpueſtas, y ſe quieren ſaber, tambien declara quantas ſon, y lo que en cada una ſe ha de reſponder; por lo que teniendo la regla todas eſtas circunſtancias que la acreditan, parece no paſſar en ſilencio la declaracion de ſu operacion, por lo que notarás lo que ſe ſigue: ſupongaſe que 30. Perſonas han de pagar

30. reales, y que ay hombres, mugeres, y niños, que los hombres han de pagar á 3. reales cada uno, las mugeres à 3. ſueldos, y los niños à un ſueldo; pideſe quantos ſon los hombres, quantas las mugeres, y quantos los niños?

Reſpueſta, mireſe la diferencia que ay de un ſueldo que paga cada niño, à 6. ſueldos que paga un hombre, y hallaràs 5. dexalos à parte, mira aſſi meſmo la diferencia, que ay de un ſueldo à los 3. ſueldos que paga cada muger, y hallaràs 2. dexalos tambien à parte, aora ſe ha de mirar, que ſi todas las 30. Perſonas fueſſen niños, no pagando mas de un ſueldo cada uno, ſolo pagarian 30. ſueldos, y quedarian por pagar otros 30. los quales dividiràs en dos partes tales, que la una ſe pueda dividir enteramente por 5. y la otra por 2. que ſon los dos numeros que dexaſtes à parte, lo que hallaràs ciertamente deſta manera; ſaca 5. de 30. y te quedaràn 25. y como no ſe pueden partir enteramente por 2. ſaca otros 5. y te quedaràn 20. que partidos por 2. vienen 10. y tantas diràs que ſon las mugeres, y eſto ſe dize por razon, que el 2. viene de la diferencia que ay de lo que paga una muger, à lo que paga un niño, y porque el 5. ſe ha ſacado dos vezes diràs que dos ſon los hombres, y eſto por ſer el 5. la diferencia de lo que paga un hombre, à lo que paga un niño, con que aviendo hallado dos hombres, y diez mugeres, que hazen numero de 12. los que faltan haſta 30. que ſon 18. ſon los niños.

Pruevalo 2. hombres à 3. reales pagan —— 6. reales.
10. mugeres à 3. ſueldos pagan —— 15. reales
y 18. niños à 1. ſueldo pagan —— 9. reales.
30. es la ſuma de las Perſonas, y 30. la ſuma de los reales.

Eſta tiene otra reſpueſta por razon que de los 20. que ay partidos por 2. ſe pueden ſacar 5. dos vezes, y quedaràn 10. que partidos por 2. vienen 5. y tantas mugeres puede aver, y por aver ſacado 4. vezes el 5. puede aver 4 hombres, con que 4. hombres, y 5. mugeres ſon 9. Perſonas, haſta 30. vàn 21. que pueden ſer los niños, como ſe prueva deſta manera.

4. hombres à 3. reales pagan —— 12. reales.
5. mugeres à 3. ſueldos pagan —— 7. reales $\frac{1}{2}$.
y 21. niño à 1. ſueldo pagan —— 10. reales $\frac{1}{2}$.
30. es la ſuma de las Perſonas, y 30. los reles.

COMENTARIO

Desde una óptica algebraica, y teniendo presente que 1 real = 2 sueldos, el problema indeterminado precedente admite la siguiente traducción:

$$[1]\begin{cases} 6x+3y+z=60 \\ x+y+z=30 \end{cases},$$

siendo x el número de hombres, y el número de mujeres y z el número de niños.

Si se restan, miembro a miembro, las dos ecuaciones del sistema [1] resulta que:

$$5x+2y=30 \Rightarrow 5x+2y=10+20 \Rightarrow \begin{cases} 5x=10 \Rightarrow x=2 \\ 2y=20 \Rightarrow y=10 \end{cases} \Rightarrow z=30-(2+10)=18$$

En esta situación, la solución del problema propuesto es:

x = número de hombres = 2
y = número de mujeres = 10
z = número de niños = 18

Sin embargo, el segundo miembro de la ecuación $5x+2y=30$ se puede descomponer de otro modo como suma de dos sumandos divisibles por 5 y 2, respectivamente.

Así:

$$5x+2y=30 \Rightarrow 5x+2y=10+20 \Rightarrow \begin{cases} 5x=20 \Rightarrow x=4 \\ 2y=10 \Rightarrow y=5 \end{cases} \Rightarrow z=30-(4+5)=21$$

En este caso, otra solución del problema propuesto es:

x = número de hombres = 4
y = número de mujeres = 5
z = número de niños = 21

5. De dos en dos, de tres en tres, de cuatro en cuatro...

En el inventario de problemas clásicos, se encuentra un grupo en el que se debe determinar un número conociendo los restos de sus divisiones por 2, 3, 4, etc.

Presentamos dos ejemplos de la *Pràtica mercantíuol* (1521) de Joan Ventallol.

Retgla.13.

¶ Hun home aportaue huna fiſtella de hous e ve hun altre y ende-rocali la fiſtella e volent lo ſi pagar demana quants hous hi auia en la fiſtella y aquel de qui era rendix que no ſabia en pero que contant los de dos en dos li ſobre.1.e contant los de.3.en.3.li ſobre.1.e de.4.en.4. li ſobre.1.e de.5.en.5.li ſobre.1.e de.6.en.6.li ſobre.1.e de.7.en.7.ve iuſt io vus deman quants hous hi hauia troba vn nombre en que aia $\frac{1\ 1\ 11}{2\ 3\ 4\ 5\ 6}$ e ſera.60. poſa.1.ſobre.60.e ſeran.61.are parteix.61.per.7.e no ue iuſt per co aiuſte y tantes vegades.60.ab.61.fins que vinga iuſt e trobaras que lo nombre ſera.301.parteix los per.7.e vindra iuſt e axi diras que en la fiſtella hauia.301.hou.

Retgla.14.

¶ Es hun home anaquiſ ſeguex lo mateix cas en pero diu que contant los de.2.en.2.avanſa.1.e contant los de.3.en.3.avanſa.2.e contant los de.4.en.4.avanſa.3.e contant los de.5.en.5.avanſa.4.e contant los de.6.en.6.avanſa.5.e contant los de.7.en.7.ve iuſt io vus deman quants hous tenia. Leua.1.de.60.reſten.59.aiuſte.l.60.tantes vegades fins que partint per.7.vinga iuſt e ſera lo nombre.119.fes la proua e trobaras bona

TRADUCCIÓN – ADAPTACIÓN

REGLA 13

Un hombre llevaba una cesta con huevos. Otro la volcó y, queriéndole pagar los huevos, le preguntó cuántos había en la cesta. El propietario respondió que no lo sabía, pero que contándolos de dos en dos sobraba uno; contándolos de tres en tres sobraba uno; contándolos de cuatro en cuatro sobraba uno; contándolos de cinco en cinco sobraba uno; contándolos de seis en seis sobraba uno, y contándolos de siete en siete venía justo. Pregunto: ¿Cuántos huevos había?

Encuentra un número que tenga mitad, tercio, cuarto, quinto y sexto. Será 60. Añade 1 a 60 y serán 61. Divide 61 por 7 y no viene justo. Por esto, añádele tantas veces 60 a 61 hasta que venga justo [es decir: hasta que obtengas un múltiplo de 7] y encontrarás que el número es 301. Divídelo por 7 y vendrá justo. Así dirás que en la cesta había 301 huevos.

REGLA 14

Un hombre llevaba una cesta con huevos. Otro la volcó y, queriéndole pagar los huevos, le preguntó cuántos había en la cesta. El propietario respondió que no lo sabía, pero que contándolos de dos en dos sobraba uno; contándolos de tres en tres sobraban dos; contándolos de cuatro en cuatro sobraban tres; contándolos de cinco en cinco sobraban cuatro; contándolos de seis en seis sobraban cinco, y contándolos de siete en siete venía justo. Pregunto: ¿Cuántos huevos tenía?

Quita 1 de 60, quedan 59. Añádele tantas veces 60 hasta que, dividiendo por 7, venga justo. El número será 119. Haz la prueba y estará bien.

COMENTARIO A LA REGLA 13

La sucesión de los múltiplos comunes de 2, 3, 4, 5, y 6 es:

60 [= m. c. m (2, 3, 4, 5, 6)] , 120 , 180 , 240 , 300 , ...

A partir de aquí resulta obvio que la sucesión de los números que al ser divididos por 2, 3, 4, 5, y 6 dan 1 de resto es:

61 , 121 , 181 , 241 , 301 ...

En esta última sucesión, el menor número que es múltiplo de 7 es 301.

COMENTARIO A LA REGLA 14

Para comprender la estrategia de resolución de Ventallol vamos a tener en cuenta dos cuestiones teóricas relativas a las *congruencias*.

DOS DEFINICIONES EQUIVALENTES

Sean a y b dos números enteros (simbólicamente $a, b \in Z$) y m un número natural (simbólicamente $m \in N$).

- Se dice que a y b son congruentes módulo m, y se escribe $a \equiv b \pmod{m}$, cuando divididos por m dan el mismo resto.
- Se dice que a y b son congruentes módulo m cuando $a - b$ es múltiplo de m.

Propiedad 1

$$\left.\begin{cases} a_1 \equiv b_1 \pmod{m} \\ a_2 \equiv b_2 \pmod{m} \\ \vdots \\ a_n \equiv b_n \pmod{m} \end{cases}\right. \Rightarrow a_1 + a_2 + \ldots + a_n \equiv b_1 + b_2 + \ldots + b_n \pmod{m}$$

Dado que m. c. m (2, 3, 4, 5, 6) = 60, es claro que:

$$\begin{array}{c} 60 \equiv 0 \pmod{2} \\ 60 \equiv 0 \pmod{3} \\ 60 \equiv 0 \pmod{4} \\ 60 \equiv 0 \pmod{5} \\ 60 \equiv 0 \pmod{6} \end{array}$$

Por otro lado:

$$\begin{array}{c} -1 \equiv 1 \pmod{2} \\ -1 \equiv 2 \pmod{3} \\ -1 \equiv 3 \pmod{4} \\ -1 \equiv 4 \pmod{5} \\ -1 \equiv 5 \pmod{6} \end{array}$$

Por tanto (en virtud de la propiedad 1):

$$\left.\begin{array}{r} 60 \equiv 0 \pmod{2} \\ -1 \equiv 1 \pmod{2} \end{array}\right\} \Rightarrow 59 \equiv 1 \pmod{2}$$

$$\left.\begin{array}{r} 60 \equiv 0 \pmod{3} \\ -1 \equiv 2 \pmod{3} \end{array}\right\} \Rightarrow 59 \equiv 2 \pmod{3}$$

$$\left.\begin{array}{r} 60 \equiv 0 \pmod{4} \\ -1 \equiv 3 \pmod{4} \end{array}\right\} \Rightarrow 59 \equiv 3 \pmod{4}$$

$$\left.\begin{array}{r} 60 \equiv 0 \pmod 5 \\ -1 \equiv 4 \pmod 5 \end{array}\right\} \Rightarrow 59 \equiv 4 \pmod 5$$

$$\left.\begin{array}{r} 60 \equiv 0 \pmod 6 \\ -1 \equiv 5 \pmod 6 \end{array}\right\} \Rightarrow 59 \equiv 5 \pmod 6$$

Por consiguiente, el número 59 verifica todas las condiciones exigidas en el problema, menos la de ser múltiplo de 7.

Consideremos ahora la sucesión siguiente:

$$59\ ,\ 119\ [= 59 + 60]\ ,\ 179\ [59 + 2 \cdot 60]\ ,\ 239\ [= 59 + 3 \cdot 60]\ \ldots$$

En ella, contando todos los términos de dos en dos, de tres en tres, de cuatro en cuatro, de cinco en cinco y de seis en seis sobran uno, dos, tres, cuatro y cinco, respectivamente.

Para cerciorarnos de ello, y sin pérdida de generalidad, consideremos el tercer término [= 179].

Sabemos que:

$$\begin{array}{c} 59 \equiv 1 \pmod 2 \\ 60 \equiv 0 \pmod 2 \\ 60 \equiv 0 \pmod 2 \end{array}$$

Entonces, en virtud de la propiedad 1, resulta que:

$$59 + 60 + 60 \equiv 1 + 0 + 0 \pmod 2 \Rightarrow 179 \equiv 1 \pmod 2$$

De forma similar, tendríamos que:

$$\left.\begin{array}{r} 59 \equiv 2 \pmod 3 \\ 60 \equiv 0 \pmod 3 \\ 60 \equiv 0 \pmod 3 \end{array}\right\} \Rightarrow 179 \equiv 2 \pmod 3$$

$$\left.\begin{array}{r} 59 \equiv 3 \pmod 4 \\ 60 \equiv 0 \pmod 4 \\ 60 \equiv 0 \pmod 4 \end{array}\right\} \Rightarrow 179 \equiv 3 \pmod 4$$

$$\left.\begin{array}{r} 59 \equiv 4 \pmod 5 \\ 60 \equiv 0 \pmod 5 \\ 60 \equiv 0 \pmod 5 \end{array}\right\} \Rightarrow 179 \equiv 4 \pmod 5$$

$$\left.\begin{array}{r} 59 \equiv 5 \pmod 6 \\ 60 \equiv 0 \pmod 6 \\ 60 \equiv 0 \pmod 6 \end{array}\right\} \Rightarrow 179 \equiv 5 \pmod 6$$

En definitiva, los restos obtenidos al dividir 179 por 2, 3, 4, 5, y 6 son, respectivamente, 1, 2, 3, 4 y 5.

Además, el segundo término de la sucesión [= 119 = 7 × 17] es múltiplo de 7. En consecuencia, 119 es una solución del problema de los huevos rotos.

6. La copa de plata

En esta sección presentamos una ingeniosa regla aritmética que permite resolver un problema que, traducido al simbolismo algebraico moderno, tomaría la forma de un sistema de tres ecuaciones lineales con tres incógnitas.

> **D. Un Cavallero tenia una copa de plata, cuyo pie era de marfil, con su cubierta de oro, y preguntandole quanto podia valer la dicha copa con el pie y cubierta, respondiò que la cubierta con la copa valian 7 ducados, y la copa con el pie valian 6 ducados, y el pie con la cubierta valian 9. ducados. Pregunto quanto valdria cada pieza de por sì?**
>
> **M. Digo que la cubierta valía 5. ducados, y la copa dos ducados, y el pie 4. ducados. La regla es, que juntes los tres numeros que dize que valian las piezas, de dos en dos, que son 7. 6. y 9. y hazen 22. esta suma se ha de partir por uno menos, que son las piezas, y vendràn 11. aora quita de estos onze los 7.6. y 9. y quedaràn los ducados que valia cada pieza.**

[Gerónimo Cortés. *Arithmetica practica* (1724)]

COMENTARIO

Designando por x, y y z el precio en ducados de la copa, el pie y la cubierta, el enunciado del problema se convierte en:

$$\begin{cases} x + z = 7 \\ x + y = 6 \\ y + z = 9 \end{cases}$$

Sumando miembro a miembro las tres ecuaciones anteriores resulta que:

$$2(x + y + z) = 22 \Rightarrow x + y + z = \frac{22}{2} = 11 \text{ ducados}$$

Entonces:

$$x = (x + y + z) - (y + z) = 11 - 9 = 2 \text{ ducados}$$
$$y = (x + y + z) - (x + z) = 11 - 7 = 4 \text{ ducados}$$
$$z = (x + y + z) - (x + y) = 11 - 6 = 5 \text{ ducados}$$

7. Regla de una falsa posición

La *regla de una falsa posición* o *regla de falsa posición simple* fue utilizada por los antiguos egipcios, árabes e indios, gozó de gran popularidad en los manuales de matemáticas del siglo XVI y todavía se encontraba en algunos libros de matemática elemental de la primera mitad del siglo XX.

Una buena descripción de dicha regla la hizo el valenciano Tomás Vicente Tosca (1651-1723) en el primer volumen de su *Compendio Mathematico.*

La regla de falsa posicion simple se reduce á tres preceptos. 1 Tómese qualquiera número que sea apto para que en él se puedan exercitar las operaciones que pide la qüestion. 2 Exâmínese si es el número que se pregunta: y si acaso fuere el mismo, quedará satisfecha la qüestion; pero si no lo fuere, se formará una regla de tres, que es el tercero precepto, y se hallará el número que se busca.

Exemplo. Pídese, que el número 100 se divida en tres partes, que la primera sea dupla de la segunda, y esta sea tripla de la tercera; que es lo mismo que pedir tres números, el primero doblado del segundo, y este tres doble del tercero, que sumados hagan 100. Tomo arbitrariamente un número, y sea 2; este supongo ser el menor de los tres que se piden para mayor facilidad. Triplico el 2, y será 6 el segundo; duplico el 6, y tengo 12, sumo estos tres números 12, 6, 2, y hacen 20; y porque la suma habia de ser 100, busco otro número por regla de tres, diciendo: Si 20 vienen de 2, ¿de quántos vendrán 100? y hallo vienen de 10. Este pues será el número menor: luego el segundo es 30, y el mayor es 60. Con esto queda satisfecha la qüestion; porque he dado los tres números 60, 30, 10, de los quales 60 es doblado de 30, y este triplo de 10; y sumados hacen 100.

En general, la regla de falsa posición simple se usaba para resolver ciertos problemas de primer grado con una incógnita sin recurrir al simbolismo algebraico.

Más aún, los problemas en los que se utilizaba la regla de una falsa posición eran los que se pueden traducir a una ecuación del tipo $a_1x + a_2x + \ldots + a_nx = b$ o, si se quiere, $ax = b$.

Así, el problema propuesto por Tosca admite la traducción algebraica siguiente:

$$6x + 3x + x = 100 \Rightarrow 10x = 100,$$

siendo x la tercera parte, $3x$ la segunda, y $6x$ la primera parte.

Si $x = 2$ $10x = 20 \neq 100$.

Entonces, por regla de tres, si 20 vienen de 2, 100 vienen de 10.

Es decir: $x = 10$, $3x = 30$ y $6x = 60$.

JUSTIFICACIÓN GEOMÉTRICA DE LA REGLA DE FALSA POSICIÓN SIMPLE

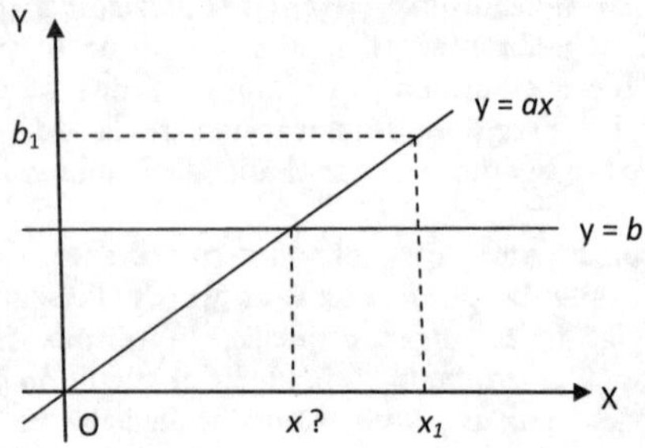

En la figura anterior, por semejanza de triángulos, se tiene que:

$$\frac{x}{b} = \frac{x_1}{b_1} \Rightarrow x = \frac{bx_1}{b_1}$$

OTRO EJEMPLO

¶ Dame vn numero, que juntando le ſu quinto y tercio monte. 6. La qual ſe hara, proponiendo, que ſea eſte numero, que demandan. 15. porque tiene tercio, y quinto, (aunque pudieras poner otro qualquiera.) Pues haz con eſte. 15. la prueua juntãdo le ſu tercio que ſon. 5. y ſu quinto, que ſon. 3. como la demanda pide, y montara 23. y porque no quiſieras ſino. 6. ordenaras vna regla, diziendo. Si. 23. me vinieron de. 15. demando. 6. que es lo que yo quiero, de donde vendra? Multiplica. 15. por ſeys, y montara. 90. parte 90. por. 23. y vendra al quociente tres enteros, y 21. veynte y tres abos, por el numero demandado. Prueuo lo juntando le ſu tercio, que es. 1. y ſiete, veynte y tres abos, y ſu quinto, que es. 18. veynte y tres abos, montara todo. 6. como pide la demanda.

[Juan Pérez de Moya. *Arithmetica practica, y speculatiua* (1562)]

COMENTARIO

Utilizando el simbolismo algebraico, el problema propuesto por Pérez de Moya se convierte en la siguiente ecuación de primer grado con una incógnita:

$$x + \frac{x}{5} + \frac{x}{3} = 6$$

Si $x = 15$, entonces:

$$x + \frac{x}{5} + \frac{x}{3} = 15 + \frac{15}{5} + \frac{15}{3} = 15 + 3 + 5 = 23 \neq 6$$

Entonces, por la regla de tres, si 23 vienen de 15, 6 vienen de $\frac{6 \cdot 15}{23} = \frac{90}{23} = 3\,\frac{21}{23}$

Por tanto, el número requerido es $3\,\frac{21}{23}$.

8. Regla de dos falsas posiciones

Marco Aurel, maestro alemán afincado en Valencia, describe la regla de dos falsas posiciones en los siguientes términos[3]:

> En la regla de 2 falſas poſiciones: lo meſmo haras como con la vna falſa has viſto, en poner vn numero falſo, con el qual ſiguiras conforme a la demanda. Y a la poſtre mira, ſi lo que viene es mas, o menos delo que hauia de ſer, aquello pornas a parte al coſtado del numero falſo a ſu mano derecha, con el ſeñal de mas, o menos, qual fuere, digo la differencia que haura delo que vino, a lo que hauia de venir. Y luego toma otro numero a tu plazer, mayor, o menor delo que primero tomaſtes (no haze al caſo) con el qual haras lo meſmo como con la primera poſicion heziſte: a la poſtre mira la differencia ſi es mas, o menos delo que hauia de ſer: y pornas eſta ſegunda poſicion debaxo de la primera: y la differencia debaxo de la primera differencia, con ſu ſeñal, o nõbre, ſi es mas, o menos. Y luego multiplica en cruz la primera differencia con la ſegunda poſicion: y la ſegunda differencia con la primera poſicion, y ſigue a eſtas reglas y auiſos ſiguientes.
>
> Nota quando las dos differencias fueren de mas, o las 2 de menos: reſtaras la vna de la otra, digo la menor differencia has de reſtar dela mayor, y lo que quedara ſera tu partidor. Aſſi meſmo reſtaras las 2 multiplicaciones que en cruz multiplicaſte: y la reſta partiras por el ſuſodicho partidor: y el quociente ſera el numero verdadero demandado.

---

3 En las dos primeras líneas del texto original (con algunas manchas) se puede leer:

En la regla de 2 falsas posiciones: lo mesmo haras co/
mo con la vna falsa has visto, en poner vn numero falso, con/

Y ſi las dos differẽcias la vna fuere mas y la otra menos, ſummaras las dichas dos differencias: y tal conjunto ſera tu partidor: y las 2 multiplicaciones, que en cruz multiplicaſtes (como arriba has viſto) ſummaras tambien en vno, y tal ſumma partiras por tu partidor: el quociente ſera el numero verdadero, y demandado, como por exemplo veras.

[Marco Aurel. *Libro primero, de Arithmetica Algebratica* (1552)]

COMENTARIO

La *regla de dos falsas posiciones* o *regla de falsa posición doble*, de origen indio, se utilizó preferentemente para resolver ecuaciones de primer grado con una incógnita del tipo $ax + b = c$ sin recurrir al simbolismo algebraico.

Para comprender el texto de Aurel haremos uso del lenguaje algebraico moderno.

Supongamos que se quiere resolver la ecuación:

$$ax + b = c \qquad [1]$$

Sea $x = x_1$ (primera suposición) $\Rightarrow ax_1 + b = c_1$ [2].
Si $c_1 = c$, el problema está resuelto.
Si $c_1 \neq c$, sea $c - c_1 = e_1$ (primera desviación).

Sea $x = x_2$ (segunda suposición) $\Rightarrow ax_2 + b = c_2$ [3].
Si $c_2 = c$, el problema está resuelto.
Si $c_2 \neq c$, sea $c - c_2 = e_2$ (segunda desviación).

Restando miembro a miembro las expresiones [1] y [2] resulta:

$$a(x - x_1) = e_1 \qquad [4]$$

Restando miembro a miembro las expresiones [1] y [3] se obtiene:

$$a(x - x_2) = e_2 \qquad [5]$$

Despejando a de las igualdades [4] y [5] e igualando los resultados obtenidos se tiene que:

$$\frac{e_1}{x - x_1} = \frac{e_2}{x - x_2} \Rightarrow x = \frac{e_1 x_2 - e_2 x_1}{e_1 - e_2}$$

REparte 79.a tres compañeros de tal condicion, q̃ no lleuen partes iguales: empero que el primero lleue vna parte, el ſegundo lleue el duplo, y tres marauedis mas, y el tercero lleue el triplo que el primero menos cinco. Pregũtaſe, quanto viene al primero, quanto al ſegundo, y quanto al tercero, haras aſsi. Pon que el primero lleuaſſe quatro, el ſegundo lleuaria onze, que es duplo de quatro, y tres mas, el tercero lleuara 7. porque el triplo de 4. es 12. quitando 5. ſegun dize la demanda, reſtaran 7. ſuma eſtas tres partes 4. 11. 7. mõtan 22. y porq̃ faltan 57. para igualar con los 79. q̃ tu quiſieras, diſpon por primera poſiciõ 4. menos 57. nota, que los 4. es la poſiciõ, el menos es notado por ſeñal, y los 57. denota la diferencia q̃ ſe halla de 22 para 79.

Agora puedes tomar para la ſegunda poſiciõ, vn numero a tu cõtento, y ſea q̃ el primero lleuaſſe 6. el ſegũdo lleuaria 15. porq̃ es duplo de 6. y mas 3. el terceros lleuaria 13 porq̃ 3. vezes 6, ſon 18. quitãdo 5. reſtan 13. ſuma 6. 15. 13 mõtã 34. y porq̃ de 34. para 79. faltã 45. notaras por ſegũda poſicion 6. menos 45. y ſea debaxo de la primera, o encima cõ dos lineas q̃ denotẽ las multiplicaciones en cruz. deſte modo. Primera poſiciõ 4. menos 57.

Segunda poſicion 6. menos 45.

Agora multiplica 57. que es la primera diferẽcia por 6. ſegunda poſicion, procederan 342. eſtos aſſentaras adelãte de los 57. cõ vn punto, o linea en medio, de manera que haga diſtinciõ de los numeros, y por la meſma ordẽ multiplicaras la primera poſicion que es 4. por la ſegũda diferencia que es 45. procederan 180. eſtos ſe aſſentaran adelante de los dichos 45. deſta manera.

Primera poſicion 4. menos 57——342

Segunda poſicion 6. menos 45——180

Y porq̃ ambas a dos posiciones al presente dizen menos restaras la menor diferencia de la mayor, conuiene saber, 45. de 57. restan 12. este numero dozeno sera tu partidor, y semejantemente restaras 180. de 342. quedã 162. esta es la suma partidera, parte 162. a 12. el cociẽte sera 13 ½ agora responderas, q̃ treze marauedis y medio es la parte del primero, la del segundo 30. que es duplo de 13 ½ mas 3. marauedis, y la parte del tercero es 35 ½ porq̃ son 5. marauedis menos del triplo que lleua el primero: y agora que tienes visto lo que pertenece a cada compañero proporcionadamente, segun la demanda propuesta, prueualo sumando 13 ½ 30. 35 ½ y montara todo 79.

[Miguel Gerónimo de Santa Cruz. *Libro de Arithmetica especulativa, y practica, intitulado, el Dorado Contador* (1643)[4]]

COMENTARIO

Llamando x al número de maravedíes del primer compañero, el problema propuesto por Santa-Cruz admite la siguiente traducción algebraica:

$$x + (2x + 3) + (3x - 5) = 79 \Rightarrow 6x - 2 = 79$$

Si $x_1 = 4 \Rightarrow 6x_1 - 2 = 22 \neq 79 \Rightarrow e_1 = 79 - 22 = 57.$

Si $x_2 = 6 \Rightarrow 6x_2 - 2 = 34 \neq 79 \Rightarrow e_2 = 79 - 34 = 45.$

Entonces:

$$x = \frac{e_1 x_2 - e_2 x_1}{e_1 - e_2} = \frac{57 \cdot 6 - 45 \cdot 4}{57 - 45} = \frac{342 - 180}{12} = \frac{162}{12} = 13\frac{1}{2} \text{ maravedíes}$$

De donde:

El primer compañero recibe $13\frac{1}{2}$ maravedíes.

El segundo compañero recibe 30 maravedíes.

El tercer compañero recibe $35\frac{1}{2}$ maravedíes.

4 La primera edición de este libro es de 1594.

Referencias bibliográficas

AUREL, M. (1552). *Libro primero, de Arithmetica Algebratica.* Valencia: Ioan de Mey.

CORACHÁN, J. B. (1719). *Arithmetica demonstrada theorico-practica para lo mathematico y mercantil.* Barcelona: Juan Piferrer.

CORTÉS, G (1724). *Arithmetica practica.* Zaragoza: Herederos de Diego Larumbe.

ICÍAR, J. (1549). *Libro intitulado Arithmetica practica.* Zaragoza: Pedro Bernuz.

LÓPEZ PIÑERO, J. M. et al. (1983). *Diccionario histórico de la ciencia moderna en España* (dos volúmenes). Barcelona: Ediciones Península.

MEAVILLA SEGUÍ, V. (2008). *Aspectos históricos de las matemáticas elementales* (2ª edición). Zaragoza: Prensas Universitarias de Zaragoza.

PÉREZ DE MOYA, J. (1562). *Arithmetica practica, y speculatiua.* Salamanca: Mathias Gast.

PUIG, A. (1672). *Arithmetica especulativa, y practica y arte de algebra.* Barcelona: Antonio Lacavalleria.

PUIG, A. (2001). *Arithmetica especulativa, y practica y arte de algebra* (Edición facsímil de la cuarta impresión). Valladolid: Editorial Maxtor.

SÁNCHEZ PÉREZ, J. A. (1949). *La aritmética en Roma, en India y en Arabia.* Madrid: Consejo Superior de Investigaciones Científicas.

SANTA CRUZ, M. G. (1643). *Libro de Arithmetica especulativa, y practica, intitulado, el Dorado Contador.* Madrid: Francisco Martinez.

TOSCA, T. V. (1794). *Compendio Matemático* (Tomo I). Valencia: Oficina de los Hermanos de Orga.

VENTALLOL, J. (1521). *Pràtica mercantíuol.* Lion: Joan de la Place.

Otros títulos del autor

En este manual se pueden leer los textos originales, relativos a tópicos matemáticos que han mantenido ocupados durante siglos a científicos de primera fila, escritos por grandes maestros (Euclides de Alejandría, Savasorda, Fibonacci, Stevin, Descartes, Fermat, Pascal, Newton, L´Hôpital...) que han contribuido a levantar el bello y complejo edificio matemático.

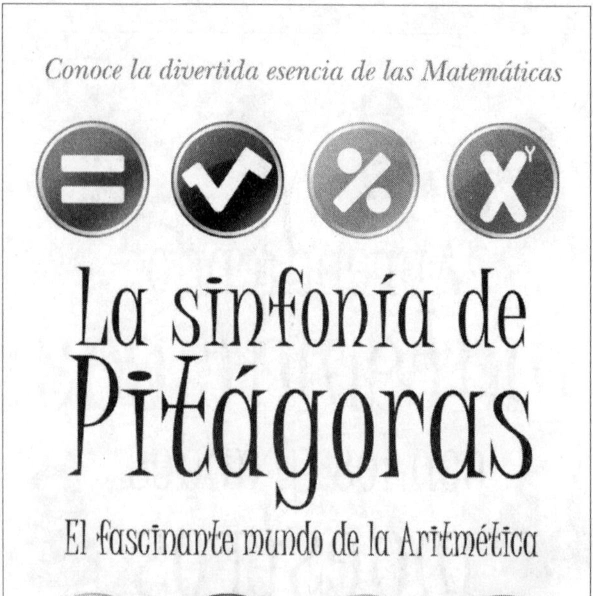

Un perfecto manual que pone a tu alcance todo lo que debes conocer sobre la Aritmética. A lo largo de sus páginas desfilan, entre otros, Fibonacci, San Isidoro, Pitágoras, Euclides, Euler, Gauss, Fermat o Pascal. Brillantes matemáticos y excelentes profesores que contribuyeron al desarrollo y transmisión de las Matemáticas en general y de la Aritmética en particular.

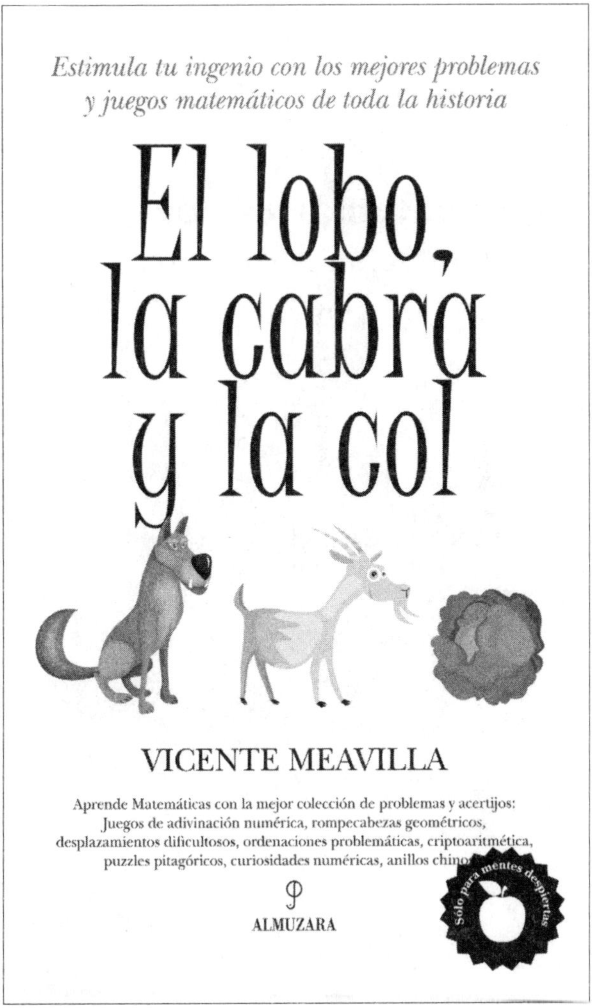

La mejor colección de problemas y acertijos de la historia, desde los propuestos por los autores medievales o los matemáticos egipcios, hasta los más modernos, ideados por los grandísimos cracks asiáticos. Quince capítulos de vértigo para las mentes más despiertas... o las que necesiten despertarse.

Vicente Meavilla

Las matemáticas del arte

Inspiración ma(r)temática

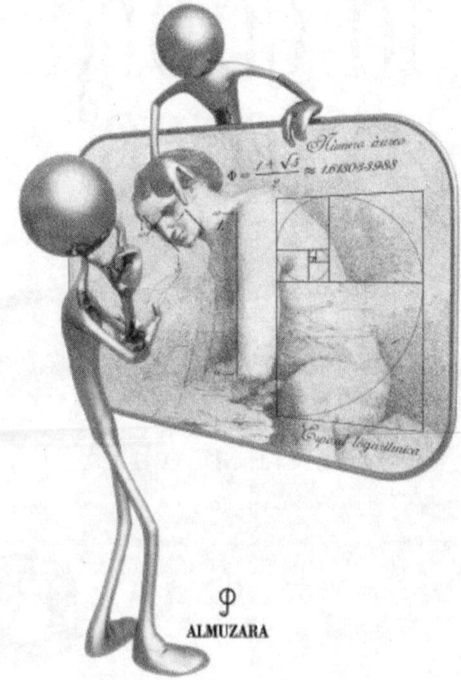

ALMUZARA

Mucho más que un manual de matemáticas o un tratado de arte. Su lectura servirá para que los artistas valoren el papel de esta ciencia como fuente de inspiración y desarrollo; pero también es muy útil a los matemáticos y a los docentes de dicha materia a la hora de tener una percepción mucho más completa y enriquecedora.